机场航站楼高效建造指导手册

中国建筑第八工程局有限公司　编

李永明　　亓立刚　　马明磊　主编

中国建筑工业出版社

图书在版编目（CIP）数据

机场航站楼高效建造指导手册/中国建筑第八工程
局有限公司编；李永明，亓立刚，马明磊主编. —北京：
中国建筑工业出版社，2023.6
ISBN 978-7-112-28724-6

Ⅰ.①机…　Ⅱ.①中…　②李…　③亓…　④马…　Ⅲ.
①航站楼–建筑施工–手册　Ⅳ.①TU248.6-62

中国国家版本馆 CIP 数据核字（2023）第 082504 号

责任编辑：张　磊　王砾瑶　万　李
责任校对：芦欣甜
校对整理：张惠雯

机场航站楼高效建造指导手册

中国建筑第八工程局有限公司　编
李永明　　亓立刚　　马明磊　主编

*

中国建筑工业出版社出版、发行（北京海淀三里河路9号）
各地新华书店、建筑书店经销
北京科地亚盟排版公司制版
建工社（河北）印刷有限公司印刷

*

开本：787毫米×1092毫米　1/16　印张：14　字数：293千字
2023年6月第一版　　2023年6月第一次印刷
定价：**68.00元**
ISBN 978-7-112-28724-6
（41126）

本书编委会

主　编　李永明　亓立刚　马明磊

编　委　白　羽　柏　海　蔡庆军　陈　刚　陈　华

　　　　陈　江　邓程来　葛　杰　韩　璐　黄　贵

　　　　林　峰　刘文强　马希振　隋杰明　孙晓阳

　　　　唐立宪　田　伟　叶现楼　于　科　詹进生

　　　　张　磊　张世阳　周光毅　阴光华　马昕煦

　　　　张文津　王　康　张德财　欧亚洲　郑　巍

前　言

习近平新时代中国特色社会主义思想和党的二十大精神对决胜全面建成小康社会、夺取新时代中国特色社会主义伟大胜利作出了全面部署。党的二十大报告提出，"高质量发展是全面建设社会主义现代化国家的首要任务。发展是党执政兴国的第一要务"。中国特色社会主义进入新时代，我国经济已由高速增长阶段转向高质量发展阶段。

2016年2月6日，中共中央、国务院印发《关于进一步加强城市规划建设管理工作的若干意见》，其中第四方面"提升城市建筑水平"第十一条"发展新型建造方式"中指出"大力推广装配式建筑，减少建筑垃圾和扬尘污染，缩短建造工期，提升工程质量"，这是国家层面首次提出"新型建造方式"。新型建造方式是指在建筑工程建造过程中，贯彻落实"适用、经济、绿色、美观"的建筑方针。以"绿色化"为目标，以"智慧化"为技术手段，以"工业化"为生产方式，以工程总承包项目为实施载体，强化科技创新和成果利用，注重提高工程建设效率和建造质量，实现建造过程"节能环保，提高效率，提升品质，保障安全"的新型工程建设组织模式。

为适应行业发展新形势，巩固企业核心竞争力，本手册结合机场类工程体量大、工期紧、质量要求高的特点，提出"高效建造、完美履约"的管理理念。在确保工程质量和安全的前提下，对组织管理、资源配置、建造技术等整合优化，全面推进绿色智能建造，使建造效率处于行业领先水平。施工总承包模式存在设计施工平行发包，设计与施工脱节以及施工协调工作量大、管理成本高、责任主体多、权责不够明晰等现象，导致工期拖延、造价突破等问题。结合行业发展趋势，本手册主要阐述工程总承包模式下的高效建造。

本手册以杭州萧山国际机场项目和成都天府国际机场项目的工程建造经验为基础，分析机场类项目典型特征，梳理工程建设的关键线路，总结设计、采购、施工管理与技术难点。在全生命周期引入BIM技术辅助项目设计、管理和运维，同时结合基于"互联网+"的信息化平台管理手段以及绿色建造方式，为机场类工程EPC项目设计、采购、施工提供技术支撑，积极践行"高效建造，完美履约"。

本手册主要包括概述、高效建造组织、高效建造技术、高效建造管理、机场项目的验收、案例等内容。项目部在参考时需要结合工程实际，聚焦工程履约的关键点和风险点，规范基本的建造程序、管理与技术要求，并从工作实际出发，提炼有效做法和具体方案。本手册寻求的是最大公约数，能够确保大部分机场类工程在建造过程中实现"高效建造、完美履约"。我们希望通过本手册的执行，使机场类项目建造管理工作得到持续改进，促进企业高质量发展。

由于编者水平有限，恳请提出宝贵意见。

目　录

1

概　述

　　候机楼又称"航站楼"，是旅客在乘飞机出发前和抵达后办理各种手续和作短暂休息、等候的场所。候机楼是航空港的主要建筑物，候机楼内设有候机大厅、办理旅客及行李进出手续的设施、旅客生活服务设施及公共服务设施。办理旅客及行李进出手续的设施有：值机柜台、问讯处、售票窗口、交运行李柜台及行李处理系统、安全检查设施以及海关、边防检查、动植物卫生检疫等柜台。旅客生活服务设施有：休息厅、餐饮厅、娱乐室、商店及残疾人车辆等。公共服务设施有：银行、邮局、书店、出租汽车服务柜台及旅馆预订柜台等。为了旅客行动方便，候机楼还设有自动步道、自动扶梯、进出航班显示系统、手推行李车、廊桥等设施。此外，机场与有关航空公司的管理、行政及业务部门和应急指挥机构也可设在候机楼内。有的候机楼还设有瞭望平台和为迎送人员提供的迎送厅。为了方便旅客办理进出手续，避免各类旅客（进港与离港、国内与国际）互相干扰，必须设计科学合理的旅客及行李流程，候机楼内各项设施应符合流程的要求。

　　多数候机楼对进出港旅客采取立体隔离的办法，即将进出港旅客的行动路线分别安排在两个楼层内；对国际和国内旅客，则采取平面隔离的办法，即在同一层楼内，分别设置国际旅客和国内旅客的活动场所。

1.1　机场建筑的功能组成及分类

1.1.1　机场建筑的功能组成

　　机场以安全检查和隔离管制为界可分为空侧和陆侧两大部分，空侧部分（又称"空面"或"向空面"）为受机场当局控制的区域，包括跑道、滑行道、停机坪、货运区等及相邻地区和建筑物（或其中一部分），进入该区域是受管制的。陆侧是为航空运输提供服务的区域，是公众能自由进出的场所和建筑物，包括航站楼非隔离区、车道边、航站楼前地面交通系统。

空侧和陆侧的分界点从旅客活动的意义上讲是安检口；从机场规划的意义上讲空侧和陆侧是由航站楼与机坪作为分界线的，也就是说，飞机停机位成为两个区域的分界线。空侧陆侧分区如图 1.1.1-1 所示。

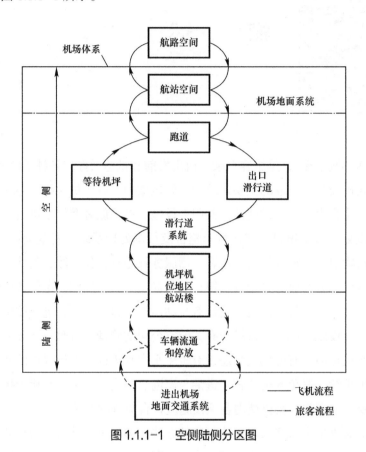

图 1.1.1-1　空侧陆侧分区图

1.1.2　机场分类

1.1.2.1　按航线业务范围分类（表 1.1.2-1）

机场按航线业务范围分类表　　　　　表 1.1.2-1

分类	航线业务范围
国际机场	拥有国际航线并设有海关、边检、检验检疫等联检机构的机场
国内航线机场	专供国内航线使用的机场
地区航线机场	内地民航运输企业与香港、澳门之间定期或不定期航班飞行使用，并没有相应联检机构的机场

1.1.2.2　按机场在民航运输系统中所起的作用分类（表1.1.2-2）

按机场在民航运输系统中所起的作用分类表   表1.1.2-2

分类	作用定位
枢纽机场	作为全国航空运输网络和国际航线的枢纽机场
干线机场	以国内航线为主，建立跨省跨地区的国内航线的，可开辟少量国际航线的机场
支线机场	经济较发达的中小城市或经济欠发达但地面交通不便的城市地方机场

1.1.2.3　按机场所在城市的地位、性质分类（表1.1.2-3）

按机场所在城市的地位、性质分类表   表1.1.2-3

分类	城市类别
I类机场	全国政治、经济、文化中心城市
II类机场	省会、自治区首府、直辖市和重要经济特区、开放城市、旅游城市
III类机场	经济比较发达的中小城市，能与有关省、自治区中心城市建立航线
IV类机场	直线机场及直升机场

1.1.3　飞行区等级

飞行区按指标I和指标II分级。飞行区指标I：拟按使用跑道的各类飞机中最长的基准飞行场地长度，分为1、2、3、4四个等级，如表1.1.3-1所示。

飞行区指标I分级表   表1.1.3-1

飞行区指标I	飞机基准飞行场地长度（m）
1	<800
2	800～<1200
3	1200～<1800
4	≥1800

注：飞机基准飞行场地长度指在标准条件下，即海拔为零、国际标准大气压、气温为15℃、无风、跑道坡度为零的情况下，以该机型规定的最大起飞质量所需的最短飞行场地长度。

飞行区指标II：按使用该机场飞行区的各类飞机中的最大翼展或最大起落架外轮外侧边的间距，分为A、B、C、D、E、F六个等级，两者中取其较高等级，根据表1.1.3-2确定。

飞行区指标II分级表   表1.1.3-2

飞行区指标II	翼展（m）	主起落架外轮外侧间距（m）
A	<15	<4.5
B	15～<24	4.5～<6

续表

飞行区指标Ⅱ	翼展（m）	主起落架外轮外侧间距（m）
C	24～<36	6～<9
D	36～<52	9～<14
E	52～<65	9～<14
F	65～<80	14～<16

以上两个指标可合并划分飞行区等级，见表1.1.3-3。

飞行区等级Ⅰ等级Ⅱ合并分级表　　　　表1.1.3-3

指标Ⅰ		指标Ⅱ		
代码	飞机基准飞行场地长度（m）	代字	翼展（m）	主起落架外轮距（m）
1	<800	A	<15	<4.5
2	800～<1200	B	15～<24	4.5～<6
3	1200～<1800	C	24～<36	6～<9
4	≥1800	D	36～<52	9～<14
		E	52～<65	9～<14
		F	65～<80	14～<16

1.1.4　航站区等级

民用机场旅客航站区按旅客航站区指标进行分级，旅客航站区指标按影响机场旅客航站区规模的机场建设目标年旅客吞吐量的数值划分为1、2、3、4、5、6六个等级，根据表1.1.4-1确定。

航站区等级分级表　　　　表1.1.4-1

指标	年旅客吞吐量（用P表示，万人次）	案例
1	$P<10$	—
2	$10≤P<50$	—
3	$50≤P<200$	—
4	$200≤P<1000$	宜宾机场
5	$1000≤P<2000$	石家庄机场、禄口机场、温州机场
6	$P≥2000$	新郑机场、深圳机场卫星厅

1.2　机场工程的特点

机场工程具有技术、组织、环境等多方面的复杂性，其覆盖的时空范围也较为广泛，包括地理空间以及建设时间。

1.2.1 技术的复杂性

技术的复杂性导致大型机场工程建设存在各种空间、专业和施工活动界面。例如，航站区和地铁、高铁的空间界面；土建专业和安装专业的专业界面；地下人防工程和地上结构工程的施工活动界面等。此外，技术的复杂性也导致项目可借鉴的经验有限，容易产生更多的难以预见的突发问题。

1.2.2 组织的复杂性

组织的复杂性使得各参与方之间的沟通和协调工作不容忽视。例如，规划、设计、施工等不同阶段参与方的协调；土建、市政、民航、空管、航油等不同专业参与方的协调等。

1.2.3 建设周期较长

不同时期的建设重点也会发生转变，因此需要对建设目标进行分解，分阶段制订建设计划并建立动态调整机制。

高效建造组织

2.1　施工总体部署

机场典型工期计划模块节点及设计、采购、建设单位前置条件见表2.1.1-1。

机场典型工期计划模块

关键线路（施工准备开始的"0"点，典型工期1100d）

表2.1.1-1

阶段	类别（关键线路工期）	穿插时间(d)	编号	管控级别	业务事项	节点类别	参考周期(d)	标准要求	设计单位前置条件	采购单位前置条件	建设单位前置条件	参考案例	备注
	方案及初步设计工期（由项目复杂程度和初步设计审批进度决定）		1		概念方案确定	工期	30~45	概念方案得到甲方、政府主管部门认可			组织概念方案评审活动		
			2		工可和方案设计和文本编制	工期	30~60	按照国家设计文件深度规定完成编制（含估算）方案文本编制完成报批	概念方案确定				
			3		工可和方案设计评审、修改与报批	工期	30~45	政府主管部门组织方案设计评审，修改方案通过后报批，拿到报批方案批复	方案设计文本编制完成		组织方案送审及报批		
			4		初步设计文件编制	工期	30~60	按照国家和地方初步设计编制深度（含概算）	取得方案批复				
			5		初步设计评审、各类专项评审与报批	工期	30~45	取得批复	初步设计文本编制完成		组织初步设计送审及报批		
施工图设计阶段	施工图设计工期		6		桩基施工图	工期	10		分批通过图审，满足施工需要				
			7		地下室（管沟）部分施工图	工期	15						
			8		地下室其余部分施工图	工期	10						

续表

关键线路（施工准备开始的"0"点，典型工期1100d）

阶段	类别（关键线路工期）	穿插时间（d）	编号	管控级别	业务事项	节点类别	参考周期（d）	标准要求	设计单位前置条件	采购单位前置条件	建设单位前置条件	参考案例	备注
施工图设计阶段	施工图设计工期		9		地上主体部分施工图	工期	25						
			10		其余施工图分阶段设计出图（其条批次）	工期	按照工程筹划						
		2	11	1	工程桩试桩、施工、土方开挖	工期	15	满足招标文件、合同要求	用地红线及总平规划图、建筑物轮廓边线及定位	桩基和土方、支护单位完成			
准备阶段	施工准备	-41	12	2	项目部实施计划编制	工期	10		用地红线及总平规划图、建筑物轮廓边线及定位				
		-31	13	2	三通一平（场区规划及临建搭设、临水临电设置）	工期	30	现场施工临水、道路，临电布置完成，满足场内外交通顺畅，具备开工条件	用地红线及总平规划图、建筑物轮廓边线及定位	临设劳务队伍、钢筋、混凝土、模板等招采	施工总平图审批、施工总平图和临设布置方案审批		
		-5	14	2	开工报告	工期	5	人员配备齐全，三通一平完成			业主监理审批通过		
		15	15	3	控制点移交	工期	1	完成控制点现场及书面移交、总承包完成控制点复核及加密工作	用地红线及总平规划图、建筑物轮廓边线及定位		控制点文件移交		

续表

关键线路（施工准备开始的"0"点，典型工期1100d）

阶段	类别（关键线路工期）	穿插时间（d）	编号	管控级别	业务事项	节点类别	参考周期（d）	标准要求	设计单位前置条件	采购单位前置条件	建设单位前置条件	参考案例	备注
		1	16	3	试桩施工及检测	工期	30	试桩施工完成并完成试验检测及数据校核工作	试桩设计类型和指标参数	桩基施工队伍和桩基主材招采	方案审批		
		30	17	1	工程桩施工	工期	96	根据施工合理实际与工程桩施工合理穿插，工程桩施工完成并完成桩间开挖、桩头处理等工作	工程桩基设计施工图	桩基主材招采	方案审批		
		90	18	2	土方施工	工期	90	土方全部完成（含出土坡道部分）	地下结构施工图	土方施工招采	方案审批		
		97	19	3	基坑支护	工期	97	支护及止水（若包含止水帷幕）工作全部完成	基坑支护设计施工图	基坑支护、降水施工队伍和材料招采	方案审批		
准备阶段		60	20	3	基坑降水	工期	至回填结束	包含降水井施工，降水管井设，正常降水、回填完成后降水结束四个阶段	基坑降水设计施工图	基坑支护、降水施工队伍和材料招采	方案审批		
	地下结构	110	21	3	地基处理	工期	60	地基处理后符合设计要求	地下结构施工图	地基处理施工队伍和材料招采	方案审批		视工程地质情况
		120	22	3	管廊底板垫层及防水施工	工期	40	基槽验收合格，防水施工验收合格	地下室建筑施工图	防水施工队伍、材料招采	方案审批		
		145	23	3	管廊底板施工	工期	62	底板/侧墙浇筑完成	地下结构施工图	劳务施工队伍、材料招采	方案审批		

续表

关键线路（施工准备开始的"0"点，典型工期1100d）

阶段	类别（关键线路工期）	穿插时间（d）	编号	管控级别	业务事项	节点类别	参考周期（d）	标准要求	设计单位前置条件	采购单位前置条件	建设单位前置条件	参考案例	备注
准备阶段	地下结构	120	24	3	钢管柱基础施工	工期	60	钢管柱基础施工完成	钢结构施工图	钢结构施工队伍、材料招采	方案审批		
		120	25	3	型钢混凝土基础施工	工期	60	钢管柱基础施工完成	钢结构施工图	钢结构施工队伍、材料招采	方案审批		
		135	26	3	机电预埋件施工	工期	210	机电预埋件验收合格	机电安装施工图	机电安装队伍、材料招采	方案审批		
		140	27	1	地下管廊侧墙、顶板	工期	90	侧墙、顶板浇筑完成	地下结构施工图	劳务施工队伍、材料招采	方案审批		
		190	28	3	地下管廊外墙防水及保护墙	工期	50	外墙防水验收合格	地下建筑施工图	防水施工队伍、材料招采	方案审批		
		210	29	3	土方回填	工期	70	室内回填至施工图设计底板标高（含设备房回填）	地下结构施工图	土方、劳务施工队伍招采	方案审批		非关键线路
		240	30	3	室内土方回填	工期	45	室内回填至施工图设计底板标高（含设备房回填）	地下结构施工图	土方、劳务施工队伍招采	方案审批		非关键线路
	地上主体混凝土结构	210	31	1	钢管混凝土结构	工期	90	钢管混凝土柱随结构施工到设计标高	钢结构施工图	钢结构施工队伍、材料招采	方案审批		
		210	32	1	型钢混凝土结构	工期	40	型钢混凝土结构随结构施工到设计标高	钢结构施工图	钢结构施工队伍、材料招采	方案审批		
		210	33	1	主体结构混凝土施工	工期	120	主体结构浇筑完成	地下结构施工图	劳务施工队伍、材料招采	方案审批		

续表

关键线路（施工准备开始的"0"点，典型工期 1100d）

阶段	类别（关键线路工期）	穿插时间(d)	编号	管控级别	业务事项	节点类别	参考周期(d)	标准要求	设计单位前置条件	采购单位前置条件	建设单位前置条件	参考案例	备注
	地上主体混凝土结构	210	34	3	机电预埋件施工	工期	120	机电预埋件验收合格	机电安装施工图	机电安装队伍、材料招采	方案审批		
		280	35	2	地下管廊二次结构	工期	60	地下管廊二次结构施工完成	地下建筑施工图	二次结构队伍、材料招采	方案审批		非关键线路
		340	36	2	地上二次结构	工期	90	地上二次结构施工完成	地上建筑施工图	二次结构队伍、材料招采	方案审批		非关键线路
	预应力工程	260	37	3	预应力筋制作及安装	工期		预应力筋制作及随主体结构施工安装		物料提升机安装队伍、设备招采	方案审批		非关键线路
		420	38	2	预应力筋张拉	工期	30	主体结构养护达到强度后张拉		物料提升机安装队伍、设备招采	方案审批		非关键线路
准备阶段	高地铁影响区	0	39	3	高地铁结构施工	工期	540	高地铁工程完成、场地移交给航站楼工程					
		320	40	3	工程桩施工	工期	310	根据高地铁施工面合理穿插桩施工，不影响关键线路	工程桩基设计施工图	桩基施工队伍、桩基主材招采	方案审批		高地铁施工工期同内施工，非关键线路
		400	41	2	管廊施工	工期	220	管廊施工完成					
		420	42	2	土方回填	工期	210	土方全部完成（含出土坡道部分）	地下结构施工图	土方施工队伍招采	方案审批		关键线路，压缩工期

续表

关键线路（施工准备开始的"0"点，典型工期1100d）

阶段	类别（关键线路工期）	穿插时间(d)	编号	管控级别	业务事项	节点类别	参考周期(d)	标准要求	设计单位前置条件	采购单位前置条件	建设单位前置条件	参考案例	备注
准备阶段	地上主体结构施工	490	43	1	钢管混凝土结构	工期	230	钢管混凝土柱随钢结构施工到设计标高	钢结构施工图	钢结构施工队伍、材料招采	方案审批		关键线路，压缩工期
		490	44	1	型钢混凝土结构	工期	230	型钢混凝土结构随钢结构施工到设计标高	钢结构施工图	钢结构施工队伍、材料招采	方案审批		关键线路，压缩工期
		490	45	1	主体结构混凝土施工	工期	230	主体结构浇筑完成	地下结构施工图	劳务施工队伍、材料招采	方案审批		关键线路，压缩工期
		490	46	3	机电预埋件施工	工期	230	机电预埋件验收合格	机电安装施工图	机电安装队伍、材料招采	方案审批		非关键线路
	高铁地铁影响区	500	47	2	地下管廊二次结构	工期		地下管廊二次结构施工完成	地下建筑施工图	二次结构队伍、材料招采	方案审批		非关键线路
		550	48	2	地上二次结构	工期		地上二次结构施工完成	地上建筑施工图	二次结构队伍、材料招采	方案审批		非关键线路
	预应力工程	600	49	3	预应力筋制作及安装	工期	90	预应力筋制作及安装完成		物料提升机安装队伍、设备招采	方案审批		非关键线路
		610	50	2	预应力筋张拉	工期	30	预应力筋张拉完成		物料提升机安装队伍、设备招采	方案审批		非关键线路
	钢结构工程	385	51	2	钢结构加工制作	工期	220	钢结构网架件加工、深化完成	钢结构施工图	钢结构施工队伍、材料招采	方案审批		先施工非影响区后施工影响区，形成流水
		380	52	3	防屈曲支撑安装	工期	15	防屈曲支撑安装验收合格	钢结构施工图	钢结构施工队伍、材料招采	方案审批		
		420	53	3	钢结构网架拼装	工期	410	钢结构网架拼装验收合格	钢结构施工图	钢结构施工队伍、材料招采	方案审批		

续表

关键线路（施工准备开始的"0"点，典型工期1100d）

阶段	类别（关键线路工期）	穿插时间(d)	编号	管控级别	业务事项	节点类别	参考周期(d)	标准要求	设计单位前置条件	采购单位前置条件	建设单位前置条件	参考案例	备注
准备阶段	幕墙工程非关键线路	500	54	2	幕墙钢结构龙骨加工制作	工期	340	幕墙构件加工、深化完成	幕墙施工图	幕墙施工队伍、材料招采	方案审批		
		210	55	3	幕墙连接件预埋	工期	190	幕墙连接件预埋随主体结构施工完成	幕墙施工图	幕墙施工队伍、材料招采	方案审批		
		540	56	3	幕墙样板段施工	工期	5	幕墙样板段施工并验收完成	幕墙施工图	幕墙施工队伍、材料招采	方案审批		
		570	57	3	幕墙龙骨安装	工期	120	幕墙龙骨安装收完成	幕墙施工图	幕墙施工队伍、材料招采	方案审批		
		630	58	3	玻璃、镶嵌板安装	工期	100	镶嵌板安装完成并验收合格	幕墙施工图	幕墙施工队伍、材料招采	方案审批		
	金属屋面非关键线路	500	59	2	屋面材料加工制作	工期	120	屋面材料加工制作完成	金属屋面施工图	屋面施工队伍、材料招采	方案审批		
		570	60	3	屋面标准构造层	工期	220	屋面构造层安装、验收完成	金属屋面施工图	屋面施工队伍、材料招采	方案审批		
		570	61	2	虹吸雨排系统安装	工期	90	虹吸雨排系统安装、验收完成	金属屋面施工图	屋面施工队伍、材料招采	方案审批		
		640	62	3	檐口系统安装	工期	130	檐口安装完成	金属屋面施工图	屋面施工队伍、材料招采	方案审批		
		660	63	3	天窗系统安装	工期	60	天窗安装完成	金属屋面施工图	屋面施工队伍、材料招采	方案审批		
		790	64	3	屋面防雷、航空障碍灯施工	工期	30	屋面防雷、航空无障碍施工、验收完成	金属屋面施工图	屋面施工队伍、材料招采	方案审批		

续表

关键线路（施工准备开始的"0"点，典型工期1100d）

阶段	类别（关键线路工期）	穿插时间(d)	编号	管控级别	业务事项	节点类别	参考周期(d)	标准要求	设计单位前置条件	采购单位前置条件	建设单位前置条件	参考案例	备注
准备阶段	精装修施工关键线路	840	65	3	非公共区域办公、功能用房精装修	工期	180	非公共区域办公、功能用房精装修，验收完成	建筑施工图	精装修施工队伍、材料招采	方案审批		
		900	66	1	公共部分精装修	工期	180	公共部分精装修，验收完成	建筑施工图	精装修施工队伍、材料招采	方案审批		
		880	67	3	商业区精装修	工期	180	商业区精装修，验收完成	建筑施工图	精装修施工队伍、材料招采	方案审批		
	登机桥	210	68	3	登机桥预埋件安装	工期	150	登机桥预埋件安装随土建施工	登机桥施工图	劳务施工队伍、材料招采	方案审批		
		210	69	3	登机桥基础及地下附属结构施工	工期	30	登机桥基础及地下附属结构施工，验收完成	登机桥施工图	劳务施工队伍、材料招采	方案审批		
		890	70	3	登机桥固定端钢结构吊装	工期	80	登机桥固定端钢结构吊装、验收完成	登机桥施工图	劳务施工队伍、材料招采	方案审批		
	电气专业	830	71	3	电气桥架、线缆敷设	工期	180	电气桥架、线缆敷设、验收完成	电气施工图	电气施工队伍、设备、材料招采	方案审批		
		420	72	3	管廊桥架及线缆敷设	工期	130	管廊桥架及线缆敷设、验收完成	电气施工图	电气施工队伍、设备、材料招采	方案审批		
		760	73	1	高压正式受电	工期	5	高压正式受电	电气施工图	电气施工队伍、设备、材料招采	方案审批		
		750	74	3	低压调试送电	工期	5	低压调试送电	电气施工图	电气施工队伍、设备、材料招采	方案审批		
			75	3	配合精装修灯具安装	工期		配合精装修灯具安装	电气施工图	电气施工队伍、设备、材料招采	方案审批		

续表

关键线路（施工准备开始的"0"点、典型工期 1100d）

阶段	类别（关键线路工期）	穿插时间（d）	编号	管控级别	业务事项	节点类别	参考周期（d）	标准要求	设计单位前置条件	采购单位前置条件	建设单位前置条件	参考案例	备注
准备阶段	暖通专业	430	76	3	风管及配件安装	工期	220	风管及配件安装、验收完成	暖通施工图	暖通施工队伍、材料招采设备、	方案审批		
		430	77	3	空调水管干线安装	工期	230	空调水管干线安装、验收完成	暖通施工图	暖通施工队伍、材料招采设备、	方案审批		
		560	78	3	空调机房安装	工期	120	空调机房安装、验收完成	暖通施工图	暖通施工队伍、材料招采设备、	方案审批		
		630	79	3	制冷机房安装	工期	90	制冷机房安装、验收完成	暖通施工图	暖通施工队伍、材料招采设备、	方案审批		
			80	3	配合精装修风口安装	工期		配合精装修风口安装、验收完成	暖通施工图	暖通施工队伍、材料招采设备、	方案审批		
		830	81	3	空调调试	工期	30	空调调试	暖通施工图	暖通施工队伍、材料招采设备、	方案审批		
	给水排水及消防	430	82	3	管道干线及安装	工期	220	管道干线及安装、验收完成	给水排水施工图	给水排水、消防施工队伍、设备、材料招采	方案审批		
		430	83	3	消防泵房房安装	工期	230	消防泵房安装、验收完成	给水排水施工图	给水排水、消防施工队伍、设备、材料招采	方案审批		
		560	84	3	生活水泵房	工期	120	生活水泵房、验收完成	给水排水施工图	给水排水、消防施工队伍、设备、材料招采	方案审批		
		630	85	1	正式供水	工期	90	正式供水	给水排水施工图	给水排水、消防施工队伍、设备、材料招采	方案审批		

续表

关键线路（施工准备开始的"0"点，典型工期 1100d）

阶段	类别（关键线路工期）	穿插时间（d）	编号	管控级别	业务事项	节点类别	参考周期（d）	标准要求	设计单位前置条件	采购单位前置条件	建设单位前置条件	参考案例	备注
准备阶段	给水排水及消防		86	3	配合精装修末端安装	工期		配合精装修末端安装、验收完成	给水排水施工图	给水排水、消防施工队伍、设备、材料招采	方案审批		
		830	87	3	系统送水调试	工期	30	系统送水调试	给水排水施工图	给水排水、消防施工队伍、设备、材料招采	方案审批		
	行李系统安装（非关键线路）	570	88	3	行李系统设备安装	工期	230	行李系统设备安装、验收完成	建筑、行李系统施工图	行李系统施工队伍、材料招采	方案审批		
		680	89	3	行李系统机房安装	工期	60	行李系统机房安装、验收完成	建筑、行李系统施工图	行李系统施工队伍、材料招采	方案审批		
		570	90	3	行李系统线缆敷设	工期	230	行李系统线缆敷设	建筑、行李系统施工图	行李系统施工队伍、材料招采	方案审批		
		800	91	3	行李系统调试	工期	60	行李系统调试	建筑、行李系统施工图	行李系统施工队伍、材料招采	方案审批		
	消防用电	420	92	3	桥架线缆安装	工期	210	桥架线缆安装、验收完成	电气施工图	消防施工队伍、设备、材料招采	方案审批		
		420	93	3	配合精装修末端安装	工期	130	配合精装修末端安装、验收完成	电气施工图	消防施工队伍、设备、材料招采	方案审批		
		760	94	3	消防控制室设备安装及调试	工期	30	消防控制室设备安装及调试	电气施工图	消防施工队伍、设备、材料招采	方案审批		

续表

关键线路（施工准备开始的"0"点，典型工期1100d）

阶段	类别（关键线路工期）	穿插时间(d)	编号	管控级别	业务事项	节点类别	参考周期(d)	标准要求	设计单位前置条件	采购单位前置条件	建设单位前置条件	参考案例	备注
准备阶段	消防用电	750	95	3	消防调试	工期	30	消防调试	电气施工图	消防施工队伍、设备、材料招采	方案审批		
		840	96	1	消防联动调试	工期	30	消防联动调试	电气施工图	消防施工队伍、设备、材料招采	方案审批		
	智能化	420	97	3	桥架线缆安装	工期	210	桥架线缆安装、验收完成	电气施工图	智能化施工队伍、设备、材料招采	方案审批		
		420	98	3	配合精装修末端安装	工期	130	配合精装修末端安装、验收完成	电气施工图	智能化施工队、设备、材料	方案审批		
		760	99	3	机房工程设备安装及调试	工期	5	机房工程设备安装及调试完成	电气施工图	智能化施工队、设备、材料	方案审批		
		750	100	3	系统调试	工期	30	系统调试完成	电气施工图	智能化施工队、设备、材料	方案审批		
	安检系统安装	630	101	3	线缆敷设	工期	50	线缆敷设完成	电气施工图	智能化施工队、设备、材料	方案审批		
		850	102	3	安检设备安装及接线	工期	60	安检设备安装及接线、验收完成	电气施工图	智能化施工队、设备、材料	方案审批		
		910	103	3	设备调试	工期	30	设备调试	电气施工图	智能化施工队、设备、材料			

续表

关键线路（施工准备开始的"0"点，典型工期1100d）

阶段	类别（关键线路工期）	穿插时间（d）	编号	管控级别	业务事项	节点类别	参考周期（d）	标准要求	设计单位前置条件	采购单位前置条件	建设单位前置条件	参考案例	备注
验收阶段	竣工验收	过程分阶段验收	104	1	工程验收（桩基、地基与基础、主体结构、屋面、精装、电梯、防雷、节能、消防等验收）	工期	过程分阶段验收	取得相关验收合格单	提供相关验收报告		提供相关验收报告		相关监督部门
		950	105	1	机场工艺验收	工期	60	完工验收合格，测试赛检验验收合格	提供相关验收报告		组织相关部门验收		
	备案移交	1170	106	2	备案	工期	30	档案馆资料正式接受	提供相关审图报告		提供国有土地使用权证、建设用地规划许可证、建设工程规划许可证相关证件，监理单位验收归档资料		地方档案馆
		1170	107	1	机场移交	工期	30	正式移交建设单位或建设相关部门，书面会签完成					使用单位

2.2　组 织 机 构

工程总承包模式直线职能式和矩阵式组织机构见图 2.2-1、图 2.2-2。

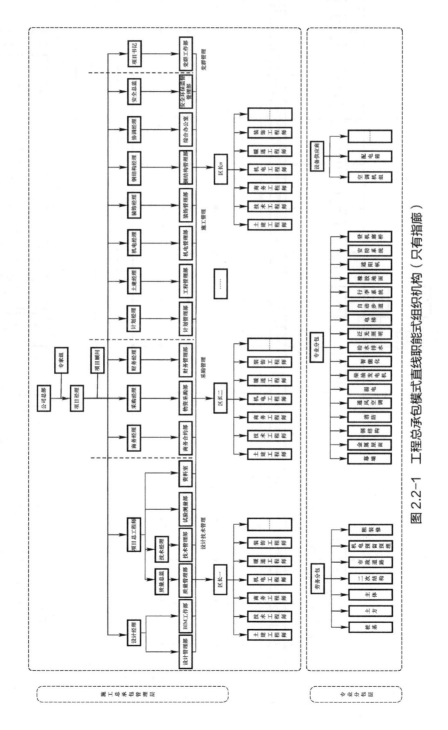

图 2.2-1　工程总承包模式直线职能式组织机构（只有指廊）

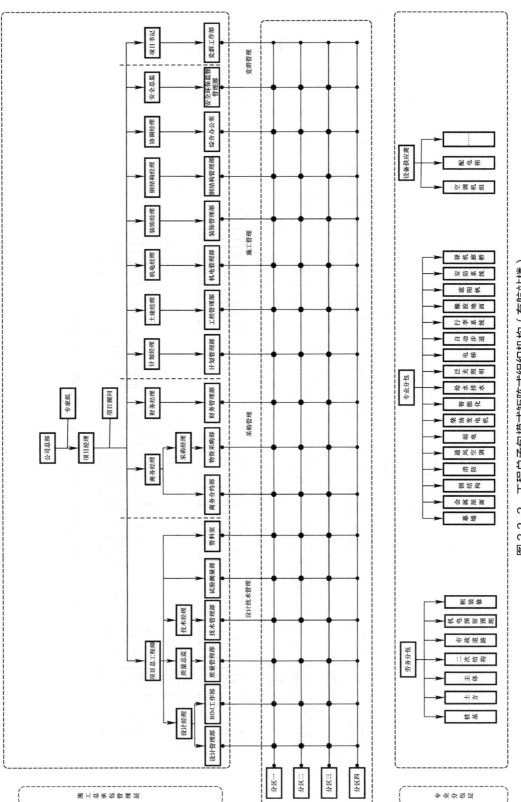

图 2.2-2 工程总承包模式矩阵式组织机构（有航站楼）

2.3 设计组织

2.3.1 设计和设计管理组织结构

机场类建筑设计和设计管理团队需选择具有大型 EPC 项目设计和管理经验的人员，人员从设计单位（含合作设计单位、设计管理总院，二级独立法人公司设计院）、各二级单位设计管理部或技术中心选派，团队组织架构如图 2.3.1-1 所示。

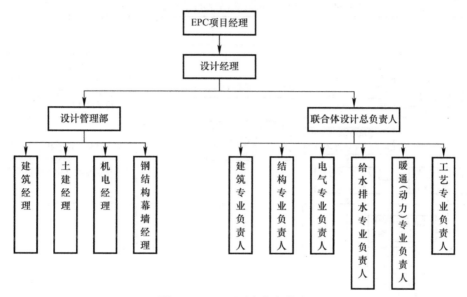

图 2.3.1-1 团队组织架构图

设计岗位人员任职资格详见附录一。

2.3.2 设计阶段划分和工作总流程

机场类建筑设计阶段划分与设计工作总流程详见图 2.3.2-1，其中灰底色节点为与设计、施工密切的建设单位工作内容。

2.3.3 施工图与深化设计阶段工作组织

EPC 模式下施工图提交工作流程如图 2.3.3-1 所示。

管理过程的相关要求如下：

（1）提交各节点的分部施工图图纸和开始施工之间要留足时间，以满足采购和备料加工的相关要求。

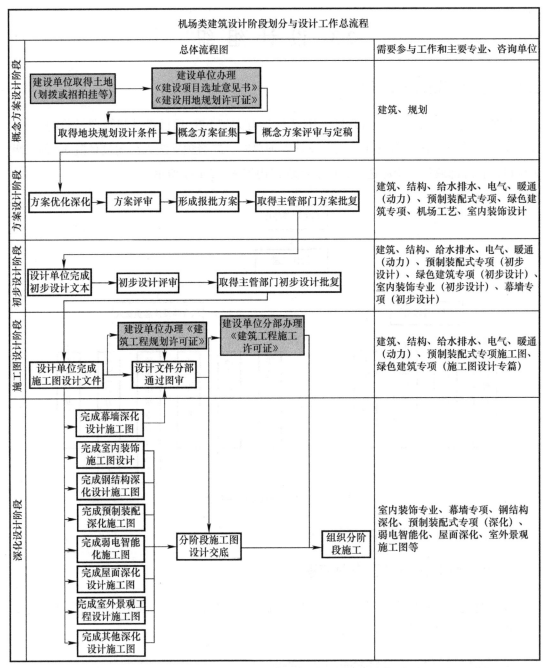

图 2.3.2-1　设计阶段划分与设计工作总流程

（2）各分包单位需提前介入。

（3）设计文件初稿审查阶段必须优先解决关键材料和设备的选型问题。

（4）设计文件送审之前须出具材料和设备技术规格书，包含材料和设备的参数以及型号，以满足采购、备料、加工的要求。出具了正式的技术规格书以后，不应再轻易改变。

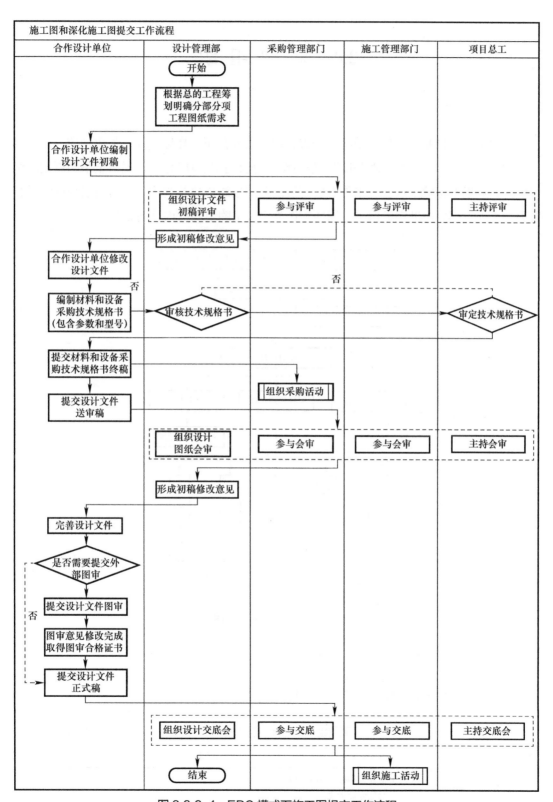

图 2.3.3-1　EPC 模式下施工图提交工作流程

2.4 采购组织

2.4.1 采购组织机构

采购组织机构基于"集中采购、分级管理、公开公正、择优选择、强化管控、各负其责"的原则,实施"三级管理制度"(公司层、分公司层、项目层),涵盖全采购周期的组织机构,从根本保障采购管理工作有序开展。公司层级以决策为主,分公司层级以组织招采为主,项目部以协助完成招采全周期工作为主。采购组织机构见图 2.4.1-1。

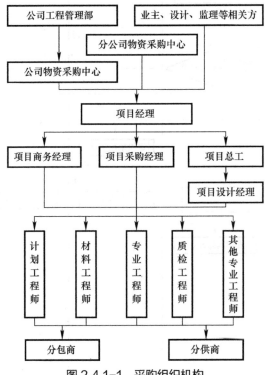

图 2.4.1-1　采购组织机构

2.4.2 岗位及职责

采购组织机构岗位及职责见表 2.4.2-1。

采购组织机构岗位及职责　　　　　　　　　　　　　　　　表 2.4.2-1

序号	层级	岗位	主要职责
1	公司	总经济师	1)指导采购概算和采购策划审批; 2)对接发包方高层

续表

序号	层级	岗位	主要职责
2	公司	物资部经理	1）组织编制采购策划； 2）协调企业内、外采购资源整合； 3）审批招标文件、物资合同等相关招采事项
3	分公司	总经济师	1）组织完善采购概算和目标； 2）参与编制采购策划； 3）审批供应商考察入库； 4）审批中标供应商及相关招采事项
4	分公司	物资部经理	1）组织考察供应商、采购资源整合； 2）牵头组织招采工作； 3）监督项目物资工作开展和采购策划落地实施情况
5	项目部	项目经理	1）负责落实采购人员配备； 2）协调落实采购策划； 3）对接发包方成本分管领导； 4）协调设计、采购、施工体系联动
6	项目部	总工程师	1）负责对物资招采提供技术要求； 2）负责物资招标过程中的技术评标和技术审核； 3）负责完成大型机械设备的选型和临建设施的选用； 4）协助合同履行及物资验收工作
7	项目部	商务经理	1）负责物资预算量的提出； 2）负责物资招采控制价的提出； 3）参与物资采购策划编制； 4）负责合同外物资的发包方认价； 5）负责物资三算对比分析
8	项目部	设计经理	1）负责重要物资技术参数的入图； 2）负责对物资招采提供技术要求； 3）负责新材料、新设备的选用； 4）负责控制物资的设计概算； 5）负责物资的设计优化，提高采购效益
9	项目部	采购经理	1）配合分公司完成招采工作，负责项目部发起的招采工作； 2）负责完成采购策划、采购计划的编制和过程更新，参与项目整体策划； 3）负责与设计完成招采前置工作、采购创新创效工作； 4）负责控制采购成本，严把质量关； 5）负责物资的节超分析、采购成本的盘点； 6）负责物资的发包方认价工作及物资品牌报批； 7）负责组织编制主要物资精细化管理制度、项目物资管理制度、参与总承包管理手册编制； 8）定期组织检查现场材料耗用情况，杜绝浪费和丢失现象；贯彻执行上级物资管理制度，制定、完善并落实项目部的物资管理实施细则； 9）负责协调分区项目部物资工作，制定具体人员分工，全面掌控物资管理工作； 10）负责及时提供工程物资市场价格，为项目标价分离提供依据； 11）配合或参加公司/分公司物资集中招标采购，组织物资采购/租赁合同在项目部的评审会签及交底，建立项目部物资合同管理台账

序号	层级	岗位	主要职责
9	项目部	采购经理	12）负责组织物资人员配合商务经理在做好对发包方的材料签证工作，按时向商务经理、成本会计提供成本核算及成本分析所需的数据资料； 13）负责监管项目整体物资的调剂及调拨工作； 14）负责监督信息化平台上线及录入工作； 15）负责监督整个项目物资统计工作，计划、报验、报表、信息系统上传、资料整理归档； 16）配合技术质量部门完成施工组织设计、施工方案； 17）组织项目剩余废旧物资的调剂、处理工作； 18）负责组织整个项目所有材料进场、验证、现场管理、退场工作，做好整体管控工作，参加项目物资月度、半年、年度盘点，负责审核分区材料工程师编制各种报表资料
10	项目部	材料工程师（材料主管）	1）按照物资采购计划，合理安排物资采购进度； 2）参与物资的招采工作，收集分供方资料和信息，做好分供方资料报批的准备工作； 3）负责物资的催货和提运； 4）负责施工现场物资堆放和物资储运、协调管理； 5）负责物资的盘点、物资进出场管理； 6）负责对分包商的物资管控。按规定建立物资台账，负责进场物资的验证和保管工作； 7）负责进场物资的标识； 8）负责进场物资各种资料的收集保管； 9）负责进退场物资的装卸运。贯彻执行上级物资管理制度，制定、完善并落实分区区域的物资管理实施细则； 10）参与项目整体策划及物资管理策划； 11）参与公司/分公司物资集中招标采购，组织物资采购/租赁合同在项目部的评审会签及交底； 12）负责向商务、成本会计提供成本核算及成本分析所需的数据资料； 13）负责监督分管区域物资统计工作，计划、报表、信息系统上传、资料整理归档及交接记录工作； 14）负责组织分管区域所有材料进场、验证、现场管理、退场工作，做好整体管控工作，参加项目物资月度、半年、年度盘点，负责审核材料工程师编制各种物资盘点资料
11	项目部	计划工程师	1）负责工期总计划编制和更新，结合工期节点，制定物资进场时间节点； 2）负责物资需用计划编制； 3）负责物资进场计划的管控； 4）配合采购经理完成采购计划编制和过程更新
12	项目部	专业工程师	1）负责物资需用计划编制； 2）辅助编制采购计划，并满足工程进度需要。 3）负责物资签订技术文件的分类保管，立卷存查
13	项目部	质检工程师	1）负责按规定对本项目物资的质量进行检验，不受其他因素干扰，独立对产品做好放行或质量否决，并对其决定负直接责任； 2）负责产品质量证明资料评审，填写进货物资评审报告，签章认可后，方可投入使用
14	项目部	其他专业工程师	1）参与大型起重设备、安全等特殊物资的招采工作； 2）参与大型起重设备、安全等特殊物资的验收

2.4.3　材料设备采购总流程

材料设备采购总流程见图 2.4.3-1。

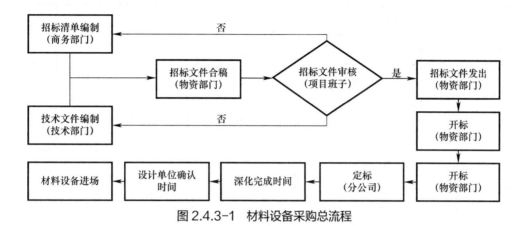

图 2.4.3-1　材料设备采购总流程

2.4.4　材料设备采购清单

采购材料设备分 A、B、C 类，A 类是加工周期较长（生产周期 30d 以上机场常用特有材料），对工期影响较大的材料设备，B 类为采购选择面少的材料设备，C 类为常规材料设备。具体见表 2.4.4-1～表 2.4.4-4。

机场常用特有材料　　　　　　　　　　表 2.4.4-1

序号	施工阶段	材料类别	材料名称	分类	加工周期（d）
1	土建阶段	钢结构	Q460GJC	A	45
2			屈曲约束支撑		60
3			阻尼器		60
4			铸钢件		90
5			橡胶隔震垫		60
6	安装阶段	电梯	电梯		90
7		自动步道	自动步道		90
8		自动扶梯	自动扶梯		90
9		通风与空调	风冷螺杆式热泵机组		60
10			组合式新风机组		60
11			全空气变风量空调机组		60
12			变制冷剂流量多联分体式空调机组		60
13			恒温恒湿精密空调机组		60

注：采购时明确材料是否指定品牌。

民航专业行李系统设备采购清单　　　　　　　　　　　　　　表 2.4.4-2

序号	阶段	设备类别	设备名称	分类	采购周期（d）	品牌	厂家	使用工程名称	采购数量（台）
1	安装阶段	行李系统	称重输送机	A	120	民航物流	民航物流	贡嘎机场	40
2			注入输送机		120				40
3			收集输送机		90				8
4			直线输送机		90				85
5			转弯输送机		120	transnorm	达仕通		46
6			汇流输送机		120				1
7			斜坡输送机		90	民航物流	民航物流		36
8			水平分流器		120	德利	德利		4
9			单臂垂直分流器		120				4
10			引导线		120	民航物流	民航物流		5
11			托盘分拣机		120				1
12			分拣滑槽		90				7
13			分拣转盘		120				6
14			提取转盘		120				5
15			钢平台		120				1
16			行李洞口卷帘门		60				16
17			橡胶门帘		60				16

民航专业弱电智能化系统设备采购清单　　　　　　　　　　　　表 2.4.4-3

序号	施工阶段	设备类别	设备名称	类型	采购周期（d）	品牌	厂家	使用工程名称	采购数量（台）
1	安装阶段	民航弱电	自助值机设备	A	120	国产	国产	贡嘎机场	18
2			扬声器		120				35
3			显示终端设备		60	长虹	长虹		86
4			CATV 通信工控机		60	研华	研华		213
5			航显工控机		60				1

续表

序号	施工阶段	设备类别	设备名称	类型	采购周期（d）	品牌	厂家	使用工程名称	采购数量（台）
6			自定义网络寻呼控制台		60				28
7			30W 音量控制器		30				30
8			噪声探测话筒		120	霍尼韦尔	霍尼韦尔		36
9			四通道高效数字功率放大器		30				55
10			全音域壁挂音箱		60				360
11			管理工作站		90	联想	联想		120
12			55 英寸拼接屏		60	夏普	夏普		12
13			IP 话机		30	亿联	亿联		189
14			中心母钟		30				1
15	安装阶段	民航弱电	双面数字子钟	A	120	浙江塞思	浙江塞思	贡嘎机场	20
16			单面指针子钟		30				11
17			单面数字子钟		60				49
18			液晶电视		60	飞利浦	飞利浦		90
19			无线 AP		60	H3C	H3C		101
20			双口信息面板		120	康普	康普		482
21			DDC 控制器		120	霍尼韦尔	霍尼韦尔		32
22			视频会议终端		30	华为	华为		1
23			一拖二手持无线话筒		60	Relacart	Relacart		2
24			配电箱		60	新疆特变电工	新疆特变电工		25
25			精密空调		120	伊顿	伊顿		6

机场常用进口装饰材料　　　　　　表 2.4.4-4

序号	材料类别	材料名称	分类	加工周期（d）	采购品牌	使用工程名称
1	地面材料	地毯	A	90	法国欧尚地毯、德国 ASTRA，WISSENBACH 地毯	昆明长水国际机场

续表

序号	材料类别	材料名称	分类	加工周期（d）	采购品牌	使用工程名称
2	地面材料	橡胶地板	A	90	LS（韩国）、罗比（美国）、瑞派（意大利）	昆明长水国际机场
3	装饰装修	门窗五金		45	安朗杰、亚萨合莱	昆明长水国际机场 S1 卫星厅
4	幕墙工程	后置扩孔型机械锚栓		40	德国慧鱼、德国喜利得、英国 TOPIN	昆明长水国际机场 S1 卫星厅
5	屋面防水	TPO 防水卷材		45	凡士通	昆明长水国际机场

2.4.5　材料设备采购流程

2.4.5.1　常规材料设备采购

目的：进一步规范物资管理运行机制，实现物资全过程管理的标准化、制度化、做好资源保障供应，合理降低材料成本，增加经济效益。

管理原则：物资管理坚持"集中采购、分级管理、公开公正、择优选择、强化管控、各负其责"的原则。

2.4.5.2　进口材料设备采购

与常规材料和设备采购流程相同，进口材料和设备的采购受到外商交货周期（一般为3～6个月）影响，供货周期较长。

2.4.5.3　定制材料设备采购

定制材料设备多为发包方指定类或垄断类材料、设备。此类材料和设备的采购根据项目进度由二级单位的合约商务部、采购管理部牵头组织，成立谈判小组。按要求确定竞争性谈判时间，必须保证在签订合同后方可进场实施。

2.5　施 工 组 织

高地铁穿越影响的机场航站楼施工组织穿插图如图 2.5-1 所示；无高地铁穿越影响的机场航站楼（包括有穿越机场但不穿越航站楼或者穿越指廊区域）施工组织穿插图如图 2.5-2 所示。

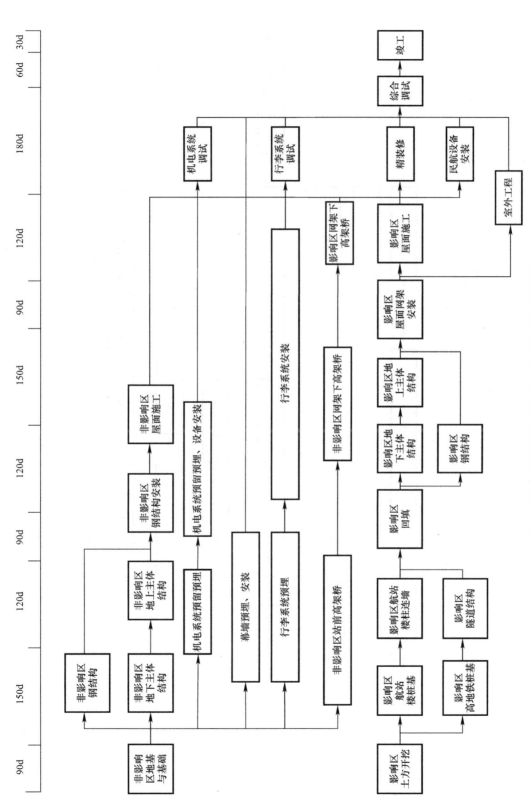

图 2.5-1 高地铁穿越影响的机场航站楼施工组织穿插图

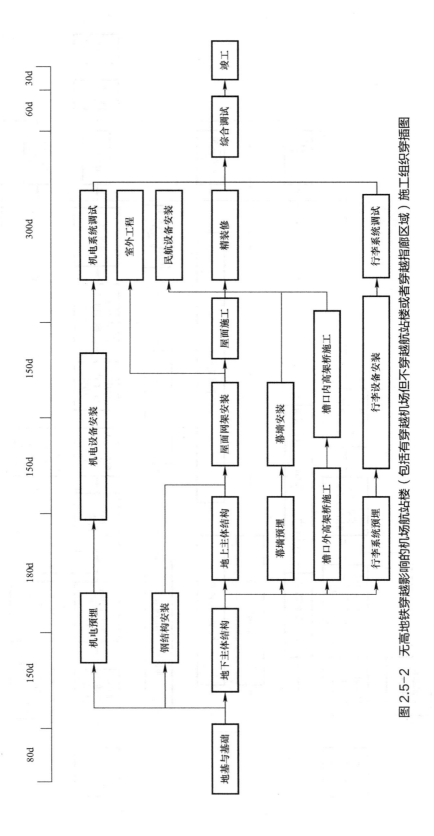

图 2.5-2 无高地铁穿越影响的机场航站楼（包括有穿越机场航站楼或者穿越捷廊区域）施工组织穿插图

2.6 协同组织

2.6.1 高效建造管理流程

2.6.1.1 快速决策事项识别

项目管理快速决策是高效建造的基本保障，为了实现高效建造，应梳理影响项目建设的重大事项，根据项目重要性实现快速决策，优化企业内部管理流程，降低过程时间成本。快速决策事项识别见表 2.6.1-1。

快速决策事项识别　　　　　　　　　　　　　　　　　　表 2.6.1-1

序号	管理决策事项	公司	分公司	项目部
1	项目班子组建	√	√	
2	项目管理策划	√	√	√
3	总平面布置	√	√	√
4	重大分包商（桩基队伍、土方队伍、主体队伍、二次结构队伍、钢结构、粗装修等）	√	√	√
5	重大方案的落地	√	√	√
6	重大招采项目（塔式起重机、钢筋、混凝土等）	√	√	√

注：相关决策事项需符合"三重一大"相关规定。

2.6.1.2 高效建造决策流程

根据工程的建设背景和工期管理目标，企业管理流程适当调整，给予项目一定的决策、汇报请示权。高效建造决策管理要求见表 2.6.1-2。

高效建造决策管理要求　　　　　　　　　　　　　　　　表 2.6.1-2

序号	项目类别	管理要求	备注
1	特大项目	1）建筑面积 30 万 m² 或合同额 30 亿元以上的公共建筑（机场）； 2）设立公司级指挥部，由二级单位（公司）领导班子担任指挥长，公司各部门领导、分公司总经理为指挥部成员，项目部经过班子讨论形成意见书，报送项目指挥部请示； 3）在营销过程中确立为重点工程的项目； 4）省级重点投资建设项目，属于政治任务，社会影响大	项目意见书
2	重大项目	1）自行完成合同额在 10 亿元以上的项目； 2）设立分公司级指挥部，由三级单位领导班子担任指挥长，形成快速决策； 3）市级政府投资建设项目，当地社会影响力较大	
3	一般项目	1）主承建合同额≤5 亿元的机场； 2）不设立指挥部，项目管理流程按照常规项目管理	

（1）特大项目：决策流程到公司领导班子，公司总经理牵头决策。特大项目决策流程见图 2.6.1-1。

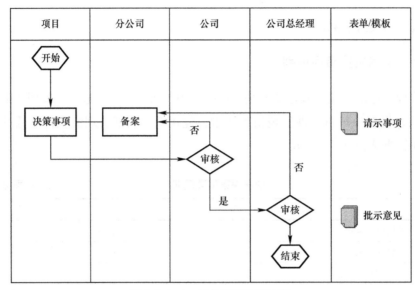

图 2.6.1-1 特大项目决策流程

（2）重大项目：决策流程到分公司领导班子，分公司牵头决策。重大项目决策流程见图 2.6.1-2。

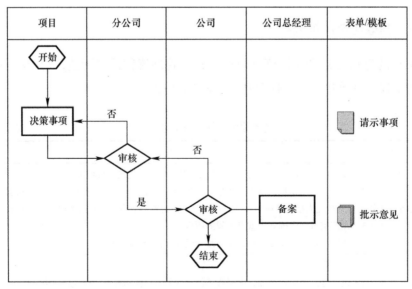

图 2.6.1-2 重大项目决策流程

（3）一般项目：按照常规项目管理。

2.6.2　设计与施工组织协同

1. 建立设计管理例会制度

每月至少召开一次设计例会，由建设单位组织，勘察、设计、总承包、监理、专业分包单位参加，协调解决当前子项图纸缺失、未完善、图纸深化（含设备选型）及各专业图纸错漏、碰缺等问题，预先将需解决的问题发至建设单位和设计单位，以便其安排相关专业设计工程师参会。

2. 建立畅通的信息沟通机制

建立设计管理交流群，设计与现场工作相互协调；设计应及时了解现场进度情况，为现场施工创造便利条件；现场应加强与设计的沟通与联系，及时反馈施工信息，快速推进工程建设。

3. BIM 协同设计及技术联动应用制度

为最大限度解决好设计碰撞问题，总承包单位前期组织建立 BIM 技术应用工作团队入驻设计单位办公，统一按设计单位的相关要求进行模型创建，发挥 BIM 技术优势作用，提前发现有关设计碰撞问题，提交设计人员及时进行纠正。

施工过程中采取"总承包单位牵头，以 BIM 平台为依托，带动专业分包"的 BIM 协同应用模式，需覆盖土建、机电、钢构、幕墙及精装修等所有专业。

4. 重大事项协商制度

为做好设计变更各项工作，各方应建立重大事项协商制度，及时对涉及重大造价增减的事项进行沟通、协商，施工单位做好设计变更对工期、成本、质量、安全等方面的对比，由建设单位组织设计、施工、监理等变更相关单位召开专题会，确定最优方案，在保证工程进度的前提下，降低工程投资总额，确保工程建设品质。

5. 顾问专家咨询制度

建立重大技术问题专家咨询会诊制度，对工程中的重难点进行专项研究，制定切实可行的实施方案；并对涉及结构与作业安全的重大方案实行专家论证。

2.6.3　设计与采购组织协同

2.6.3.1　设计与采购的沟通机制

设计与采购的沟通机制见表 2.6.3-1。

2.6.3.2　设计与采购选型协同流程

设计与采购选型协同流程见图 2.6.3-1。

设计与采购的沟通机制　　　　　　　　　　　　　表 2.6.3-1

序号	项目	沟通内容
1	材料、设备的采购控制	通过现场施工情况，物资采购部对工程中规格异形的材料，提前调查市场情况，若市场上的材料不能满足设计及现场施工的要求，须与生产厂家联系，提出备选方案，同时向设计反馈实际情况，进行调整。确保设计及现场施工的顺利进行
2	材料、设备的报批和确认	对工程材料设备实行报批确认的办法，其程序为： 1）施工单位事先编制工程材料设备确认的报批文件，内容包括：制造商（供应商）的名称、产品名称、型号规格、数量、主要技术数据、参照的技术说明、有关的施工详图、在本工程使用的特定位置以及主要的性能特性等； 2）设计在收到报批文件后，提出预审意见，报发包方确认； 3）报批手续完毕后，发包方、施工、设计和监理各执一份，作为今后进场工程材料设备质量检验的依据
3	材料样品的报批和确认	按照工程材料设备报批和确认程序实施材料样品的报批和确认。材料样品报发包方、监理、设计院确认后，实施样品留样制度，将样品注明后封存留样，为后期复核材料质量提供依据

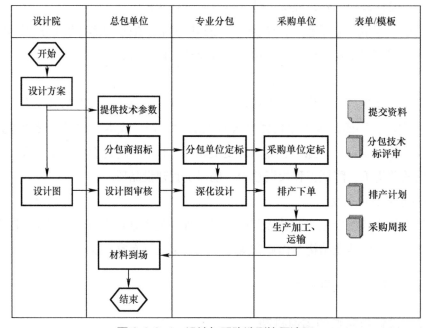

图 2.6.3-1　设计与采购选型协同流程

2.6.3.3　设计与采购选型协调

（1）电气专业采购选型与设计协调内容见表 2.6.3-2。

（2）给水排水专业采购选型与设计协调内容见表 2.6.3-3。

（3）暖通专业采购选型与设计协调内容见表 2.6.3-4。

电气专业采购选型与设计协调内容   表2.6.3-2

序号	设备名称	数量	设备参数	备注
1	柴油发电机	1	RPM：1500，PH：3，230/400V，50Hz，PF：0.8，1350kW，1688kVA	贡嘎机场
2	柴油发电机	1	RPM：1500，PH：3，230/400V，50Hz，PF：0.8，2200kW，2750kVA	贡嘎机场
3	柴油发电机	1	RPM：1500，PH：3，230/400V，50Hz，PF：0.8，1800kW，2250kVA	贡嘎机场
4	柴油发电机	6	RPM：1500，PH：3，230/400V，50Hz，PF：0.8，1600kW，2000kVA	天府机场
5	变压器 SCB12-1600/10	4	PH：3，50Hz，绝缘等级：F，额定容量：1600kVA，额定电压：10±2×2.5%/0.4kV，阻抗电压：6%，空载损耗：1.96kW，负载损耗：11.7kW	贡嘎机场
6	变压器 SCB12-2000/10	4	PH：3，50Hz，绝缘等级：F，额定容量：2000kVA，额定电压：10±2×2.5%/0.4kV，阻抗电压：6%，空载损耗：2.44kW，负载损耗：14.4kW	贡嘎机场
7	变压器	26	PH：3，50Hz，绝缘等级：F，额定容量：2500kVA，额定电压：10±2×2.5%/0.4kV，阻抗电压：6%，空载损耗：3.2kW，负载损耗：17.6kW	天府机场
8	UPS 电源柜	6	150kVA，后备 30min	天府机场
9	LED 一体化支架灯	2858	19W，4000K，Ra=85	天府机场
10	密集型母线槽	1565.12	3L+N+PE，1600A	天府机场

给水排水专业采购选型与设计协调内容   表2.6.3-3

序号	设备名称	数量	设备参数	备注
1	污水提升器	2	流量 15m³/h，扬程 15m，功率 4kW	贡嘎机场
2	污水提升器	2	流量 23m³/h，扬程 15m，功率 4.6kW	贡嘎机场
3	污水提升器	2	流量 36m³/h，扬程 12m，功率 4.6kW	贡嘎机场
4	小型污水提升装置	4	流量 10m³/h，扬程 8.2m，功率 0.37kW	贡嘎机场
5	潜水（污）泵	144	流量 25m³/h，扬程 13m，功率 2.2kW	天府机场
6	隔油器	2	流量 4L/s，功率 4.5kW	贡嘎机场
7	隔油器	2	流量 7L/s，功率 4.5kW	贡嘎机场
8	隔油设备	2	流量 40m³/h，功率 4kW	天府机场
9	自动喷淋泵	2	流量 60L/s，扬程 95m，功率 90kW	贡嘎机场
10	消防水炮泵	2	流量 40L/s，扬程 130m，功率 110kW	贡嘎机场
11	消火栓泵	2	流量 30L/s，扬程 60m，功率 55kW	贡嘎机场
12	成套医疗污水处理设备	1	处理流量为 0.5m³/h	天府机场
13	终端净化直饮水机	208	电源 220V/50Hz，总功率不大于 2.3kW	天府机场
14	容积式热水器	40	N=24kW，V=455L，出水温度 60℃，自带安全阀，排污阀	天府机场

暖通专业采购选型与设计协调内容　　　　表2.6.3-4

序号	设备名称	数量	设备参数	备注
1	电热风幕	37	风量3000m³/h，电加热功率16kW，电机：电源3/380V/50Hz，容量0.5kW	贡嘎机场
2	电热风幕	19	风量3500m³/h，电加热功率20kW，电机：电源3/380V/50Hz，容量0.6kW	贡嘎机场
3	电热风幕	8	风量2500m³/h，电加热功率12kW，电机：电源3/380V/50Hz，容量0.5kW	贡嘎机场
4	蒸发冷却式冷水机组	2	制冷量615kW，冷冻水供回水温度：供水10℃，回水14℃，蒸发器工作压力1.0MPa，冷冻水量132m³/h，COP4.79 W/W，功率160kW，备注：夏季室外湿球温度13.5℃，高原型设备，空气密度0.8kg/m³	贡嘎机场
5	蒸发冷却式冷水机组	2	制冷量790kW，冷冻水供回水温度：供水10℃，回水14℃，蒸发器工作压力1.0MPa，冷冻水量169m³/h，COP 4.85 W/W，功率200kW，备注：夏季室外湿球温度13.5℃，高原型设备，空气密度0.8kg/m³	贡嘎机场
6	闭式冷却塔	2	散热量480kW，循环水量82m³/h，冷却水供回水温度（室外湿球温度13.5℃条件下）：供水20℃，回水25℃，功率18.5kW	贡嘎机场
7	闭式冷却塔	2	散热量352kW，循环水量60m³/h，冷却水供回水温度（室外湿球温度13.5℃条件下）：供水20℃，回水25℃，功率15kW	贡嘎机场
8	板式热交换器（空调）	3	换热量2415kW，一次侧供回水温度：供水80℃，回水60℃，二次侧供回水温度：供水60℃，回水45℃，备注：高原型设备，空气密度0.8kg/m³	贡嘎机场
9	板式热交换器（地暖）	2	换热量155kW，一次侧供回水温度：供水80℃，回水60℃，二次侧供回水温度：供水50℃，回水40℃，备注：高原型设备，空气密度0.8kg/m³	贡嘎机场
10	板式热交换器（散热器）	2	换热量270kW，一次侧供回水温度：供水80℃，回水60℃，二次侧供回水温度：供水75℃，回水50℃，备注：高原型设备，空气密度0.8kg/m³	贡嘎机场
11	冷冻水泵	3	流量145m³/h，扬程38m，电机功率30kW，耗电输冷（热）比0.0396，耗电输冷（热）比限值0.0406，备注：高原型设备，空气密度0.8kg/m³	贡嘎机场
12	冷冻水泵	3	流量187m³/h，扬程38m，电机功率37kW，耗电输冷（热）比0.0398，耗电输冷（热）比限值0.0409，备注：高原型设备，空气密度0.8kg/m³	贡嘎机场
13	冷却水泵（VRV）	2	流量91m³/h，扬程30m，电机功率15kW，备注：高原型设备，空气密度0.8kg/m³	贡嘎机场
14	冷却水泵（蒸发冷机组）	2	流量66m³/h，扬程30m，电机功率11kW，备注：高原型设备，空气密度0.8kg/m³	贡嘎机场
15	热水泵（空调）	4	流量133m³/h，扬程30m，电机功率18.5kW，耗电输冷（热）比0.0084，耗电输冷（热）比限值0.0085，备注：高原型设备，空气密度0.8kg/m³	贡嘎机场
16	热水泵（地暖）	2	流量15m³/h，扬程22m，电机功率1.5kW，耗电输冷（热）比0.0104，耗电输冷（热）比限值0.0113，备注：高原型设备，空气密度0.8kg/m³	贡嘎机场
17	热水泵（地暖）	2	流量10m³/h，扬程24m，电机功率1.1kW，耗电输冷（热）比0.0043，耗电输冷（热）比限值0.0046，备注：高原型设备，空气密度0.8kg/m³	贡嘎机场

续表

序号	设备名称	数量	设备参数	备注
18	VRV 室内机	24	风量（高档）860m³/h，冷却能力 4.5kW，加热量 5kW，机外静压 50Pa，输入功率 104W，噪声值 34dB，备注：高原型设备，空气密度 0.8kg/m³	贡嘎机场
19	VRV 室内机	7	风量（高档）540m³/h，冷却能力 2.8kW，机外静压 50Pa，输入功率 81W，噪声值 34dB，备注：高原型设备，空气密度 0.8kg/m³	贡嘎机场
20	VRV 室内机	20	风量（高档）1260m³/h，冷却能力 7.1kW，机外静压 90Pa，输入功率 230W，噪声值 43dB，备注：高原型设备，空气密度 0.8kg/m³	贡嘎机场
21	VRV 室内机	14	风量（高档）1500m³/h，冷却能力 9kW，机外静压 90Pa，输入功率 298W，噪声值 44dB，备注：高原型设备，空气密度 0.8kg/m³	贡嘎机场
22	VRV 室外机（水冷）	6	制冷量 67.2kW，冷却水供回水温度（室外湿球温度 13.5℃条件下）：供水 20℃，回水 25℃，IPLV 3.85，功率 12.75kW，备注：高原型设备，空气密度 0.8kg/m³，需在冬季低温时段可正常供冷	贡嘎机场
23	VRV 室外机（风冷）	1	制冷量 128kW，制热量 144kW，风量 48780m³/h，IPLV 3.75，功率 37kW，备注：高原型设备，空气密度 0.8kg/m³	贡嘎机场
24	冷热两用风机盘管	155	风量（高档）680m³/h，冷却能力：全热 2.58kW 显热 1.6kW，加热量 4.33kW，盘管排数 3，机外静压 50Pa，输入功率 85W，噪声值 45dB，备注：高原型设备，空气密度 0.8kg/m³	贡嘎机场
25	冷热两用风机盘管	351	风量（高档）1020m³/h，冷却能力：全热 3.76kW 显热 2.34kW，加热量 6.28kW，盘管排数 3，机外静压 50Pa，输入功率 122W，噪声值 50dB，备注：高原型设备，空气密度 0.8kg/m³	贡嘎机场
26	冷热两用风机盘管	32	风量（高档）1360m³/h，冷却能力：全热 5.09kW、显热 3.15kW，加热量 8.53kW，盘管排数 3，机外静压 50Pa，输入功率 190W，噪声值 50dB，备注：高原型设备，空气密度 0.8kg/m³	贡嘎机场
27	两管制空调机组	1	送风量 13800m³/h，最小新风量 3400m³/h，冷冻水供回水温度 10/14℃，空调热水供回水温度 60/45℃，制冷工况盘管入口空气温度（冷机供冷时）24.1℃，制冷工况送风温度 19.2℃，制冷量 19.2kW，制热工况回风温度 20℃，制热工况送风温度 27.5℃，制热量 73.1kW，加湿量 16.32kg/h，机外余压 600Pa，单位风量耗功率 W_s=0.28W/（m³/h），单位风量耗功率限值 W_s=0.30（m³/h），电机功率 11kW，噪声 75dB，机组功能段：混风段、板式过滤器 G4、袋式过滤器 F7、活性炭过滤器、冷却/加热盘管、湿膜加湿器、变频送风机，备注：变频控制，高原型设备，空气密度 0.8kg/m³	贡嘎机场
28	两管制空调机组	1	送风量 17900m³/h，最小新风量 4400m³/h，冷冻水供回水温度 10/14℃，空调热水供回水温度 60/45℃，制冷工况盘管入口空气温度（冷机供冷时）24.1℃，制冷工况送风温度 19.2℃，制冷量 24.9kW，制热工况回风温度 20℃，制热工况送风温度 26.2℃，制热量 86.9kW，加湿量 21.1kg/h，机外余压 600Pa，单位风量耗功率 W_s=0.28W/（m³/h），单位风量耗功率限值 W_s=0.30（m³/h），电机功率 11kW，噪声 75dB，机组功能段：混风段、板式过滤器 G4、袋式过滤器 F7、活性炭过滤器、冷却/加热盘管、湿膜加湿器、变频送风机，备注：变频控制，高原型设备，空气密度 0.8kg/m³	贡嘎机场

序号	设备名称	数量	设备参数	备注
29	两管制空调机组	1	送风量24700m³/h，最小新风量3840m³/h，冷冻水供回水温度10/14℃，空调热水供回水温度60/45℃，制冷工况盘管入口空气温度（冷机供冷时）24.1℃，制冷工况送风温度19.2℃，制冷量34.3kW，制热工况回风温度20℃，制热工况送风温度30℃，制热量122.9kW，加湿量18.4kg/h，机外余压600Pa，单位风量耗功率 W_s=0.28W/（m³/h），单位风量耗功率限值 W_s=0.30（m³/h），电机功率15kW，噪声75dB，机组功能段：混风段、板式过滤器G4、袋式过滤器F7、活性炭过滤器、冷却/加热盘管、湿膜加湿器、变频送风机，备注：变频控制，高原型设备，空气密度0.8kg/m³	贡嘎机场
30	两管制空调机组	1	送风量26000m³/h，最小新风量7800m³/h，冷冻水供回水温度10/14℃，空调热水供回水温度60/45℃，制冷工况盘管入口空气温度（冷机供冷时）24.1℃，制冷工况送风温度19.2℃，制冷量36.1kW，制热工况回风温度20℃，制热工况送风温度26.1℃，制热量125.5kW，加湿量37.4kg/h，机外余压550Pa，单位风量耗功率 W_s=0.26W/（m³/h），单位风量耗功率限值 W_s=0.30（m³/h），电机功率15kW，噪声75dB，机组功能段：混风段、板式过滤器G4、袋式过滤器F7、活性炭过滤器、冷却/加热盘管、湿膜加湿器、变频送风机，备注：变频控制，高原型设备，空气密度0.8kg/m³	贡嘎机场
31	两管制空调机组	2	送风量26500m³/h，最小新风量3600m³/h，冷冻水供回水温度10/14℃，空调热水供回水温度60/45℃，制冷工况盘管入口空气温度（冷机供冷时）24.1℃，制冷工况送风温度15℃，制冷量68.3kW，制热工况回风温度20℃，制热工况送风温度26.4℃，制热量95.7kW，加湿量17.3kg/h，机外余压600Pa，单位风量耗功率 W_s=0.28W/（m³/h），单位风量耗功率限值 W_s=0.30（m³/h），电机功率15kW，噪声75dB，机组功能段：混风段、板式过滤器G4、袋式过滤器F7、活性炭过滤器、冷却/加热盘管、湿膜加湿器、变频送风机，备注：变频控制，高原型设备，空气密度0.8kg/m³	贡嘎机场
32	两管制空调机组	4	送风量27100m³/h，最小新风量3500m³/h，冷冻水供回水温度10/14℃，空调热水供回水温度60/45℃，制冷工况盘管入口空气温度（冷机供冷时）24.1℃，制冷工况送风温度15℃，制冷量69.9kW，制热工况回风温度18℃，制热工况送风温度30.4℃，制热量142.3kW，加湿量14.6kg/h，机外余压550Pa，单位风量耗功率 W_s=0.26W/（m³/h），单位风量耗功率限值 W_s=0.30（m³/h），电机功率15kW，噪声75dB，机组功能段：混风段、板式过滤器G4、袋式过滤器F7、活性炭过滤器、冷却/加热盘管、湿膜加湿器、变频送风机，备注：变频控制，高原型设备，空气密度0.8kg/m³	贡嘎机场
33	两管制空调机组	1	送风量29300m³/h，最小新风量4560m³/h，冷冻水供回水温度10/14℃，空调热水供回水温度60/45℃，制冷工况盘管入口空气温度（冷机供冷时）24.1℃，制冷工况送风温度19.2℃，制冷量40.7kW，制热工况回风温度18℃，制热工况送风温度27.9℃，制热量139.7kW，加湿量19kg/h，机外余压550Pa，单位风量耗功率 W_s=0.26W/（m³/h），单位风量耗功率限值 W_s=0.30（m³/h），电机功率18.5kW，噪声75dB，机组功能段：混风段、板式过滤器G4、袋式过滤器F7、活性炭过滤器、冷却/加热盘管、湿膜加湿器、变频送风机，备注：变频控制，高原型设备，空气密度0.8kg/m³	贡嘎机场

续表

序号	设备名称	数量	设备参数	备注
34	两管制空调机组	1	送风量30800m³/h，最小新风量4800m³/h，冷冻水供回水温度10/14℃，空调热水供回水温度60/45℃，制冷工况盘管入口空气温度（冷机供冷时）24.1℃，制冷工况送风温度19.2℃，制冷量42.8kW，制热工况回风温度20℃，制热工况送风温度27.7℃，制热量131.6kW，加湿量23kg/h，机外余压600Pa，单位风量耗功率 W_s=0.28W/（m³/h），单位风量耗功率限值 W_s=0.30（m³/h），电机功率18.5kW，噪声75dB，机组功能段：混风段、板式过滤器G4、袋式过滤器F7、活性炭过滤器、冷却/加热盘管、湿膜加湿器、变频送风机，备注：变频控制，高原型设备，空气密度0.8kg/m³	贡嘎机场
35	两管制空调机组	1	送风量31300m³/h，最小新风量3280m³/h，冷冻水供回水温度10/14℃，空调热水供回水温度60/45℃，制冷工况盘管入口空气温度（冷机供冷时）24.1℃，制冷工况送风温度19.2℃，制冷量43.5kW，制热工况回风温度20℃，制热工况送风温度26.7℃，制热量104.6kW，加湿量15.7kg/h，机外余压550Pa，单位风量耗功率 W_s=0.26W/（m³/h），单位风量耗功率限值 W_s=0.30（m³/h），电机功率18.5kW，噪声80dB，机组功能段：混风段、板式过滤器G4、袋式过滤器F7、活性炭过滤器、冷却/加热盘管、湿膜加湿器、变频送风机，备注：变频控制，高原型设备，空气密度0.8kg/m³	贡嘎机场
36	两管制空调机组	1	送风量33200m³/h，最小新风量5160m³/h，冷冻水供回水温度10/14℃，空调热水供回水温度60/45℃，制冷工况盘管入口空气温度（冷机供冷时）24.1℃，制冷工况送风温度19.2℃，制冷量46.1kW，制热工况回风温度18℃，制热工况送风温度29.2℃，制热量171.3kW，加湿量21.5kg/h，机外余压600Pa，单位风量耗功率 W_s=0.28W/（m³/h），单位风量耗功率限值 W_s=0.30（m³/h），电机功率18.5kW，噪声80dB，机组功能段：混风段、板式过滤器G4、袋式过滤器F7、活性炭过滤器、冷却/加热盘管、湿膜加湿器、变频送风机，备注：变频控制，高原型设备，空气密度0.8kg/m³	贡嘎机场
37	两管制空调机组	1	送风量34700m³/h，最小新风量5400m³/h，冷冻水供回水温度10/14℃，空调热水供回水温度60/45℃，制冷工况盘管入口空气温度（冷机供冷时）24.1℃，制冷工况送风温度19.2℃，制冷量48.2kW，制热工况回风温度20℃，制热工况送风温度29.3℃，制热量164.7kW，加湿量25.9kg/h，机外余压600Pa，单位风量耗功率 W_s=0.28W/（m³/h），单位风量耗功率限值 W_s=0.30（m³/h），电机功率22kW，噪声80dB，机组功能段：混风段、板式过滤器G4、袋式过滤器F7、活性炭过滤器、冷却/加热盘管、湿膜加湿器、变频送风机，备注：变频控制，高原型设备，空气密度0.8kg/m³	贡嘎机场
38	两管制空调机组	4	送风量38500m³/h，最小新风量9480m³/h，冷冻水供回水温度10/14℃，空调热水供回水温度60/45℃，制冷工况盘管入口空气温度（冷机供冷时）24.1℃，制冷工况送风温度19.2℃，制冷量53.5kW，制热工况回风温度20℃，制热工况送风温度32.3℃，制热量260.4kW，加湿量45.5kg/h，机外余压600Pa，单位风量耗功率 W_s=0.28W/（m³/h），单位风量耗功率限值 W_s=0.30（m³/h），电机功率22kW，噪声80dB，机组功能段：混风段、板式过滤器G4、袋式过滤器F7、活性炭过滤器、冷却/加热盘管、湿膜加湿器、变频送风机，备注：变频控制，高原型设备，空气密度0.8kg/m³	贡嘎机场

序号	设备名称	数量	设备参数	备注
39	两管制空调机组	1	送风量 38600m³/h，最小新风量 6000m³/h，冷冻水供回水温度 10/14℃，空调热水供回水温度 60/45℃，制冷工况盘管入口空气温度（冷机供冷时）24.1℃，制冷工况送风温度 19.2℃，制冷量 53.6kW，制热工况回风温度 20℃，制热工况送风温度 29.9℃，制热量 191.3kW，加湿量 28.8kg/h，机外余压 600Pa，单位风量耗功率 W_s=0.28W/（m³/h），单位风量耗功率限值 W_s=0.30（m³/h），电机功率 22kW，噪声 80dB，机组功能段：混风段、板式过滤器 G4、袋式过滤器 F7、活性炭过滤器、冷却 / 加热盘管、湿膜加湿器、变频送风机，备注：变频控制，高原型设备，空气密度 0.8kg/m³	贡嘎机场
40	两管制空调机组	2	送风量 38600m³/h，最小新风量 5680m³/h，冷冻水供回水温度 10/14℃，空调热水供回水温度 60/45℃，制冷工况盘管入口空气温度（冷机供冷时）24.1℃，制冷工况送风温度 15℃，制冷量 99.5kW，制热工况回风温度 20℃，制热工况送风温度 25.2℃，制热量 130.0kW，加湿量 27.3kg/h，机外余压 600Pa，单位风量耗功率 W_s=0.28W/（m³/h），单位风量耗功率限值 W_s=0.30（m³/h），电机功率 22kW，噪声 80dB，机组功能段：混风段、板式过滤器 G4、袋式过滤器 F7、活性炭过滤器、冷却 / 加热盘管、湿膜加湿器、变频送风机，备注：变频控制，高原型设备，空气密度 0.8kg/m³	贡嘎机场
41	两管制空调机组	2	送风量 38800m³/h，最小新风量 6040m³/h，冷冻水供回水温度 10/14℃，空调热水供回水温度 60/45℃，制冷工况盘管入口空气温度（冷机供冷时）24.1℃，制冷工况送风温度 19.2℃，制冷量 53.9kW，制热工况回风温度 18℃，制热工况送风温度 29.1℃，制热量 200.0kW，加湿量 25.1kg/h，机外余压 600Pa，单位风量耗功率 W_s=0.28W/（m³/h），单位风量耗功率限值 W_s=0.30（m³/h），电机功率 22kW，噪声 80dB，机组功能段：混风段、板式过滤器 G4、袋式过滤器 F7、活性炭过滤器、冷却 / 加热盘管、湿膜加湿器、变频送风机，备注：变频控制，高原型设备，空气密度 0.8kg/m³	贡嘎机场
42	两管制空调机组	3	送风量 42000m³/h，最小新风量 4400m³/h，冷冻水供回水温度 10/14℃，空调热水供回水温度 60/45℃，制冷工况盘管入口空气温度（冷机供冷时）24.1℃，制冷工况送风温度 19.2℃，制冷量 58.3kW，制热工况回风温度 20℃，制热工况送风温度 26.7℃，制热量 140.3kW，加湿量 21.1kg/h，机外余压 600Pa，单位风量耗功率 W_s=0.28W/（m³/h），单位风量耗功率限值 W_s=0.30（m³/h），电机功率 30kW，噪声 80dB，机组功能段：混风段、板式过滤器 G4、袋式过滤器 F7、活性炭过滤器、冷却 / 加热盘管、湿膜加湿器、变频送风机，备注：变频控制，高原型设备，空气密度 0.8kg/m³	贡嘎机场
43	两管制空调机组	1	送风量 42400m³/h，最小新风量 6600m³/h，冷冻水供回水温度 10/14℃，空调热水供回水温度 60/45℃，制冷工况盘管入口空气温度（冷机供冷时）24.1℃，制冷工况送风温度 19.2℃，制冷量 58.9kW，制热工况回风温度 20℃，制热工况送风温度 30.0℃，制热量 210.8kW，加湿量 31.7kg/h，机外余压 600Pa，单位风量耗功率 W_s=0.28W/（m³/h），单位风量耗功率限值 W_s=0.30（m³/h），电机功率 30kW，噪声 80dB，机组功能段：混风段、板式过滤器 G4、袋式过滤器 F7、活性炭过滤器、冷却 / 加热盘管、湿膜加湿器、变频送风机，备注：变频控制，高原型设备，空气密度 0.8kg/m³	贡嘎机场

续表

序号	设备名称	数量	设备参数	备注
44	两管制空调机组	1	送风量 52700m³/h，最小新风量 5520m³/h，冷冻水供回水温度 10/14℃，空调热水供回水温度 60/45℃，制冷工况盘管入口空气温度（冷机供冷时）24.1℃，制冷工况送风温度 19.2℃，制冷量 73.2kW，制热工况回风温度 20℃，制热工况送风温度 23.3℃，制热量 120.9kW，加湿量 26.5kg/h，机外余压 600Pa，单位风量耗功率 W_s=0.28W/（m³/h），单位风量耗功率限值 W_s=0.30（m³/h），电机功率 30kW，噪声 83dB，机组功能段：混风段、板式过滤器 G4、袋式过滤器 F7、活性炭过滤器、冷却/加热盘管、湿膜加湿器、变频送风机，备注：变频控制，高原型设备，空气密度 0.8kg/m³	贡嘎机场
45	两管制空调机组	6	送风量 60600m³/h，最小新风量 10680m³/h，冷冻水供回水温度 10/14℃，空调热水供回水温度 60/45℃，制冷工况盘管入口空气温度（冷机供冷时）24.1℃，制冷工况送风温度 15℃，制冷量 156.2kW，制热工况回风温度 20℃，制热工况送风温度 22.8℃，制热量 179.8kW，加湿量 51.3kg/h，机外余压 600Pa，单位风量耗功率 W_s=0.28W/（m³/h），单位风量耗功率限值 W_s=0.30（m³/h），电机功率 37kW，噪声 83dB，机组功能段：混风段、板式过滤器 G4、袋式过滤器 F7、活性炭过滤器、冷却/加热盘管、湿膜加湿器、变频送风机，备注：变频控制，高原型设备，空气密度 0.8kg/m³	贡嘎机场
46	两管制新风机组	1	送风量 600m³/h，空调热水供回水温度 60/45℃，供热送风温度 20℃，制热量 6.5kW，加湿量 2.9kg/h，机外余压 350Pa，电机功率 0.37kW，噪声 65dB，机组功能段：新风段（含新风电动风阀）、板式过滤器 G4、袋式过滤器 F7、活性炭过滤器、加热盘管、湿膜加湿器、送风机，备注：高原型设备，空气密度 0.8kg/m³	贡嘎机场
47	两管制新风机组	1	送风量 1100m³/h，空调热水供回水温度 60/45℃，供热送风温度 20℃，制热量 11.9kW，加湿量 5.3kg/h，机外余压 500Pa，电机功率 0.75kW，噪声 65dB，机组功能段：新风段（含新风电动风阀）、板式过滤器 G4、袋式过滤器 F7、活性炭过滤器、加热盘管、湿膜加湿器、送风机，备注：高原型设备，空气密度 0.8kg/m³	贡嘎机场
48	两管制新风机组	2	送风量 1300m³/h，空调热水供回水温度 60/45℃，供热送风温度 20℃，制热量 14.1kW，加湿量 6.2kg/h，机外余压 500Pa，电机功率 0.75kW，噪声 65dB，机组功能段：新风段（含新风电动风阀）、板式过滤器 G4、袋式过滤器 F7、活性炭过滤器、加热盘管、湿膜加湿器、送风机，备注：高原型设备，空气密度 0.8kg/m³	贡嘎机场
49	两管制新风机组	1	送风量 1500m³/h，空调热水供回水温度 60/45℃，供热送风温度 20℃，制热量 16.3kW，加湿量 7.2kg/h，机外余压 650Pa，电机功率 1.1kW，噪声 65dB，机组功能段：新风段（含新风电动风阀）、板式过滤器 G4、袋式过滤器 F7、活性炭过滤器、加热盘管、湿膜加湿器、送风机，备注：高原型设备，空气密度 0.8kg/m³	贡嘎机场
50	两管制新风机组	1	送风量 1600m³/h，空调热水供回水温度 60/45℃，供热送风温度 20℃，制热量 17.4kW，加湿量 7.7kg/h，机外余压 500Pa，电机功率 1.1kW，噪声 65dB，机组功能段：新风段（含新风电动风阀）、板式过滤器 G4、袋式过滤器 F7、活性炭过滤器、加热盘管、湿膜加湿器、送风机，备注：高原型设备，空气密度 0.8kg/m³	贡嘎机场

续表

序号	设备名称	数量	设备参数	备注
51	两管制新风机组	1	送风量 1700m³/h，空调热水供回水温度 60/45℃，供热送风温度 20℃，制热量 18.5kW，加湿量 8.2kg/h，机外余压 650Pa，电机功率 1.1kW，噪声 65dB，机组功能段：新风段（含新风电动风阀）、板式过滤器 G4、袋式过滤器 F7、活性炭过滤器、加热盘管、湿膜加湿器、送风机，备注：高原型设备，空气密度 0.8kg/m³	贡嘎机场
52	两管制新风机组	1	送风量 1800m³/h，空调热水供回水温度 60/45℃，供热送风温度 20℃，制热量 19.5kW，加湿量 8.6kg/h，机外余压 550Pa，电机功率 1.1kW，噪声 65dB，机组功能段：新风段（含新风电动风阀）、板式过滤器 G4、袋式过滤器 F7、活性炭过滤器、加热盘管、湿膜加湿器、送风机，备注：高原型设备，空气密度 0.8kg/m³	贡嘎机场
53	两管制新风机组	1	送风量 2000m³/h，空调热水供回水温度 60/45℃，供热送风温度 20℃，制热量 21.7kW，加湿量 9.6kg/h，机外余压 550Pa，电机功率 1.1kW，噪声 65dB，机组功能段：新风段（含新风电动风阀）、板式过滤器 G4、袋式过滤器 F7、活性炭过滤器、加热盘管、湿膜加湿器、送风机，备注：高原型设备，空气密度 0.8kg/m³	贡嘎机场
54	两管制新风机组	1	送风量 2100m³/h，空调热水供回水温度 60/45℃，供热送风温度 20℃，制热量 22.8kW，加湿量 10.1kg/h，机外余压 500Pa，电机功率 1.1kW，噪声 65dB，机组功能段：新风段（含新风电动风阀）、板式过滤器 G4、袋式过滤器 F7、活性炭过滤器、加热盘管、湿膜加湿器、送风机，备注：高原型设备，空气密度 0.8kg/m³	贡嘎机场
55	两管制新风机组	1	送风量 2300m³/h，空调热水供回水温度 60/45℃，供热送风温度 20℃，制热量 25kW，加湿量 11kg/h，机外余压 600Pa，电机功率 1.5kW，噪声 65dB，机组功能段：新风段（含新风电动风阀）、板式过滤器 G4、袋式过滤器 F7、活性炭过滤器、加热盘管、湿膜加湿器、送风机，备注：高原型设备，空气密度 0.8kg/m³	贡嘎机场
56	两管制新风机组	1	送风量 3300m³/h，空调热水供回水温度 60/45℃，供热送风温度 20℃，制热量 35.8kW，加湿量 15.8kg/h，机外余压 600Pa，电机功率 2.2kW，噪声 65dB，机组功能段：新风段（含新风电动风阀）、板式过滤器 G4、袋式过滤器 F7、活性炭过滤器、加热盘管、湿膜加湿器、送风机，备注：高原型设备，空气密度 0.8kg/m³	贡嘎机场
57	两管制新风机组	1	送风量 3500m³/h，空调热水供回水温度 60/45℃，供热送风温度 20℃，制热量 38kW，加湿量 16.8kg/h，机外余压 600Pa，电机功率 2.2kW，噪声 65dB，机组功能段：新风段（含新风电动风阀）、板式过滤器 G4、袋式过滤器 F7、活性炭过滤器、加热盘管、湿膜加湿器、送风机，备注：高原型设备，空气密度 0.8kg/m³	贡嘎机场
58	两管制新风机组	1	送风量 3800m³/h，空调热水供回水温度 60/45℃，供热送风温度 20℃，制热量 41.3kW，加湿量 18.2kg/h，机外余压 600Pa，电机功率 2.2kW，噪声 65dB，机组功能段：新风段（含新风电动风阀）、板式过滤器 G4、袋式过滤器 F7、活性炭过滤器、加热盘管、湿膜加湿器、送风机，备注：高原型设备，空气密度 0.8kg/m³	贡嘎机场

续表

序号	设备名称	数量	设备参数	备注
59	两管制新风机组	1	送风量 6800m³/h，空调热水供回水温度 60/45℃，供热送风温度 30℃，制热量 116.3kW，加湿量 63.6kg/h，机外余压 600Pa，电机功率 4kW，噪声 65dB，机组功能段：新风段（含新风电动风阀）、板式过滤器 G4、袋式过滤器 F7、活性炭过滤器、加热盘管、湿膜加湿器、送风机，备注：高原型设备，空气密度 0.8kg/m³	贡嘎机场
60	两管制新风机组	1	送风量 8700m³/h，空调热水供回水温度 60/45℃，供热送风温度 22℃，制热量 103.9kW，加湿量 48kg/h，机外余压 600Pa，电机功率 5.5kW，噪声 70dB，机组功能段：新风段（含新风电动风阀）、板式过滤器 G4、袋式过滤器 F7、活性炭过滤器、加热盘管、湿膜加湿器、送风机，备注：高原型设备，空气密度 0.8kg/m³	贡嘎机场
61	两管制新风机组	1	送风量 9600m³/h，空调热水供回水温度 60/45℃，供热送风温度 20℃，制热量 104.2kW，加湿量 46.1kg/h，机外余压 650Pa，电机功率 7.5kW，噪声 70dB，机组功能段：新风段（含新风电动风阀）、板式过滤器 G4、袋式过滤器 F7、活性炭过滤器、加热盘管、湿膜加湿器、送风机，备注：高原型设备，空气密度 0.8kg/m³	贡嘎机场
62	两管制新风机组	1	送风量 11000m³/h，空调热水供回水温度 60/45℃，供热送风温度 20℃，制热量 119.4kW，加湿量 52.8kg/h，机外余压 500Pa，电机功率 5.5kW，噪声 70dB，机组功能段：新风段（含新风电动风阀）、板式过滤器 G4、袋式过滤器 F7、活性炭过滤器、加热盘管、湿膜加湿器、送风机，备注：高原型设备，空气密度 0.8kg/m³	贡嘎机场
63	两管制新风机组	1	送风量 11400m³/h，空调热水供回水温度 60/45℃，供热送风温度 22℃，制热量 136.2kW，加湿量 62.9kg/h，机外余压 500Pa，电机功率 7.5kW，噪声 70dB，机组功能段：新风段（含新风电动风阀）、板式过滤器 G4、袋式过滤器 F7、活性炭过滤器、加热盘管、湿膜加湿器、送风机，备注：高原型设备，空气密度 0.8kg/m³	贡嘎机场
64	飞机地面空调机组	102	制冷量 158kW，制热量 75kW，制冷剂 R407C52kg，送风量 0~6000m³/h，配电功率 121kW	天府机场
65	通风风机	397	风量 62000m³/h，全压 650Pa，静压 470Pa，功率 18.5kW，电压 380V	天府机场
66	变风量末端	765	一次风阀直径 125mm，风量范围 110~540m³/h，含一体化 VAV 控制器/执行器/压力传感器、墙装温控器等，标准的 BACnet 通信协议	天府机场
67	多联机	590	普通温度工况：制冷量 7.1kW，制热量 8kW，风量 960m³/h，机外静压 120Pa，噪声≤37dB，功率 150W	天府机场
68	精密空调	65	风量 4950（m³/h），总制冷量 20.51kW，显冷量 18.3kW，机外余压 30~50Pa（可调），总供电量 13.9kW，室内机噪声≤60dB	天府机场
69	冷梁	150	一次风量 70m³/h 时：水侧冷量 763W，总冷量 1040W，长度 1493mm	天府机场
70	组合式空调机组	219	风量 15000m³/h，机外余压 550Pa，功率 11kW，风机工作点效率限值≥0.65，变频 4 排管制冷量 34.20kW，制热量 84kW，水压降≤50kPa	天府机场

（4）智能化专业采购选型与设计协调内容见表 2.6.3-5。

智能化专业采购选型与设计协调内容 表 2.6.3-5

序号	设备名称	数量	设备参数	备注
1	灯光控制模块	1523	SA/S4.16.6.1	天府机场
2	工业以太网交换机	29	8010GX2	天府机场
3	通信机柜	111	600×800×32U	天府机场
4	PDU10A 输出	299	28N01ES-44265/28N01ES-44266	天府机场
5	智慧机场机房综合运维管理平台	1	定制开发	天府机场
6	数据库集群 ×86 服务器	5	RH2488	天府机场

2.6.4 采购与施工组织协同

2.6.4.1 材料设备供应管理总体思路

为满足建造工期实际需要，工程短期内采购及安装的设备材料种类及数量集中度高，且多为国内外知名品牌设备材料，大量的设备材料采购、供应、储存、周转工作难度大，设备、材料的供应工作是项目综合管理的重要环节，是确保工程顺利施工的关键。

2.6.4.2 采购与施工管理组织

设备、材料供应管理人员组织机构见图 2.6.4-1。

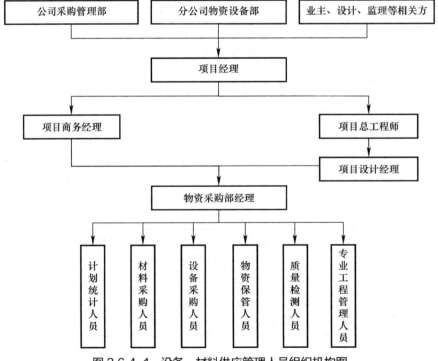

图 2.6.4-1 设备、材料供应管理人员组织机构图

2.6.4.3　采购部门人员配备

（1）工程设备、材料涉及专业多、专业性强、供应量大、协调工作量大，为加大工程物资供应管理工作力度，除配置物资采购工作的负责人、材料采购人员、设备采购人员、计划统计人员、质量检测人员以及物资保管人员以外，针对发包方、其他分包商设备材料供应配备的相关协调负责人、协调管理人员，实行专人专职管理，全面做好工程设备材料供应工作。

（2）供应管理主要人员职责见表2.6.4-1。

供应管理主要人员职责　　　　　　　　　表2.6.4-1

序号	名称	主要职责
1	物资采购部门负责人	严格执行招标投标制，确保物资采购成本，严把材料设备质量关。 负责集采以外物资的招标采购工作。 定期组织检查现场材料的使用、堆放，杜绝浪费和丢失现象。 督促各专业技术人员及时提供材料计划，并及时反馈材料市场的供应情况、督促材料到货时间，向设计负责人推荐新材料，报设计、发包方批准材料代用。 负责材料设备的节超分析、采购成本的盘点
2	材料、设备采购人员	按照设备、材料采购计划，合理安排采购进度。 参与大宗物资采购的招议标工作，收集分供方资料和信息，做好分供方资料报批的准备工作。 负责材料设备的催货和提运。 负责施工现场材料堆放和物资储运、协调管理
3	计划统计人员	根据专业工程师的材料计划，编制物资需用计划、采购计划，并满足工程进度需要。 负责物资签订技术文件的分类保管，立卷存查
4	物资保管人员	负责办理物品入库、出库、摆放、标识等工作。 做好库存内物料整理、核查、核对工作。 负责进场物资各种资料的收集保管。 负责进退场物资的装卸运输
5	质量检测人员	负责按规定对材料设备的质量进行检验，不受其他因素干扰，独立对产品做好放行或质量否决，并对其决定负直接责任。 负责产品质量证明资料评审，填写进货物资评审报告，出具检验委托单，签章认可，方可投入使用。 负责防护用品的定期检验、鉴定，对不合格品及时报废、更新，确保使用安全

2.6.4.4　材料设备采购协同管理

材料设备采购协同管理流程见图2.6.4-2。

2.6.4.5　材料设备采购管理制度

材料设备采购管理主要制度见表2.6.4-2。

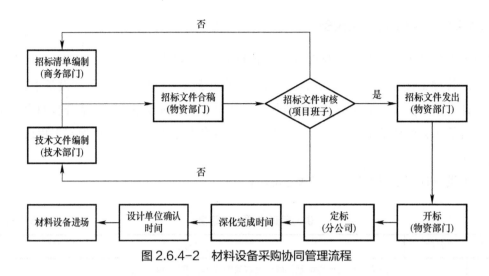

图 2.6.4-2　材料设备采购协同管理流程

材料设备采购管理主要制度　　　　　　　　　表 2.6.4-2

序号	管理项目	主要管理制度
1	采购计划	按照施工总进度计划编制采购计划、设备材料到场计划，应及时进行物资供货进度控制总结，包括设备材料合同到货日期、供应进度控制中存在的问题及分析、施工进度控制的改进意见等
2	采购合同	按公司物资管理办法合同条款由供应部统一负责对外签订，其他单位（部门）不得对外签订合同，否则财务部拒绝付款
3	进货到场	签订合同的设备、材料由供应部门根据仓储、工程使用量、工期进度情况实行分批进货。常用零星物资要根据需求部门的需求量和仓储情况分散进货，做到物资合理库存，数量品种充足、齐全
4	进场验收	设备、材料进场实行质检人员、物资保管人员、物资采购人员联合作业，对物资质量、数量进行严格检查，做到货板相符，把好设备材料进场质量关
5	采购原则	采购业务工作人员要严格履行自己的职责，在订货、采购工作中实行"货比三家"的原则，询价后报审，核准供应商，不得私自订购和盲目进货。在重质量、遵合同、守信用、售后服务好的前提下，选购物资，做到质优价廉。同时要实行首问负责制，不得无故积压或拖延办理有关商务、账务工作
6	职业技能学习提高	为掌握瞬息万变的市场经济商品信息，如价格行情等，采购人员必须经常自觉学习业务知识，提高采购工作的能力，以保证及时、保质、保量地做好物资供应工作
7	遵守职业道德	物资采购工作必须始终贯彻执行有关政策法令，严格遵守公司的各项规章制度，做到有令即行，有禁即止，在采购工作中做到廉洁自律、秉公办事、不谋私利

2.6.4.6　材料设备采购管理

1. 材料设备需用计划

针对工程所使用的材料设备，各专业工程师须进行审图核查、交底，明确设备材料供应范围、种类、规格、型号、数量、供货日期、特殊技术要求等。物资采购部门按照供应方式不同，对所需要的物资进行归类，计划统计员根据各专业的需用计划进行汇总平衡，结合施工使用、库存等情况统筹策划。

设备材料需用计划作为制定采购计划和向供应商订货的依据，应注明产品的名称、规格型号、单位、数量、主要技术要求（含质量）、进场日期、提交样品时间等。对物资的包装、运输等方面有特殊要求时，应在设备材料需用计划中注明。

2. 采购计划的编制

物资采购部门应根据工程材料设备需用计划，编制材料设备采购计划报项目商务经理审核。物资采购计划中应有采购方式的确定、采购人员、候选供应商名单和采购时间等。物资采购计划中，应根据物资采购的技术复杂程度、市场竞争情况、采购金额以及数量大小确定采购方式：招标采购、邀请报价采购和零星采购。

3. 供应商的资料收集

按照材料设备的不同类别，分别进行设备、材料供应商资料的收集以备候选。候选供应商的主要来源如下：

（1）从发包方给定品牌范围内选择，采购部门通过收集、整理、补充合格供方的最新资料，将供应商补充纳入公司"合格供应商名录"，供项目采购选择；

（2）从公司"合格供应商名录"中选择，并优先考虑能提供安全、环保产品的供应商；

（3）其他供应商（只有当"合格供应商名录"中的供应商不能满足工程要求时，才能从名录之外挑选其他候选者）。

4. 供应商资格预审

招标采购供应商和邀请报价采购供应商均应优先在公司"合格供应商名录"中选择。如果参与投标的供应商或拟邀请的供应商不在公司"合格供应商名录"中，则应由项目物资采购部门负责对供应商资格进行预审。供应商资格预审要求见表2.6.4-3。

供应商资格预审要求　　　　　　　　　　　　表2.6.4-3

序号	项目	具体要求
1	资格预审表填写	物资供应部门负责向供应商发放供应商资格预审表，并核查供应商填写的供应商资格预审表及提供相关资料，确认供应商是否具备符合要求资质的能力
2	供应商提供资格相关资料核查	核查供应商提供的相关资格资料，应包括：供货单位的法人营业执照、经营范围、任何关于专营权和特许权的批准文件、经济实力、履约信用及信誉履约能力
3	经销商的资格预审	对经销商进行资格预审时，经销商除按照资格预审表要求提供自身有关资料外，还应提供生产厂商的相关资料
4	其他要求	"合格供应商名录"内或本年度已进行过一次采购的供应商，不必再进行资格预审，但当供应商提供的材料设备种类发生变化时，则要求供应商补充相关资料

供应商经资格预审合格后由物资采购部门汇总成"合格供应商选择表"，并根据对供应商提供产品及供应商能力的综合评价结果选择供应商。综合评价内容根据供应商提供的

产品对工程的重要程度不同而有所区别，具体规定见表2.6.4-4。

供应商综合评价表 表2.6.4-4

供应商类型	评价内容				
	考察	样品/样本报批	产品性能比较	供应商能力评价	采购价格评比
主要/重要设备	▲	▲	▲	▲	▲
一般设备	△	△	▲	▲	▲
主要/重要材料	▲	▲	▲	▲	▲
一般材料	○	△	▲	▲	▲
零星材料	○	△	▲	△	▲

注：●—必须进行的评价，○—根据合同约定和需要选用，▲—必须保留的记录，△—该项评价进行时应保留的记录。

5. 考察

（1）在评价前对入选厂家进行现场实地考察。考察由物资采购负责人牵头组织，会同发包方、监理及相关部门有关人员参加。

（2）考察内容包括：生产能力、产品品质和性能、原料来源、机械装备、管理状况、供货能力、售后服务能力、运输情况和对供应厂家提供保险、保函能力等。

（3）考察后，组织者将考察内容和结论写入"供应商考察报告"，作为对供应商进行能力评价的依据。

6. 报批审查

报批审查见表2.6.4-5。

报批审查表 表2.6.4-5

序号	项目	主责部门	备注
1	提前确定需求	质量管理部	根据合同约定、发包方要求以及工程实际等情况
2	提交样品/样本报批计划	技术、质量管理部	明确需要报批物资的名称、规格、数量、报批时间等要求
3	样品/样本搜集与询价	采购管理部	附带清单
4	样本/样品送审表	采购管理部	与样品一起报审
5	审批	发包方、监理和设计	定样

7. 综合评价及供应商的确定

综合评价及供应商确定流程见图2.6.4-3。

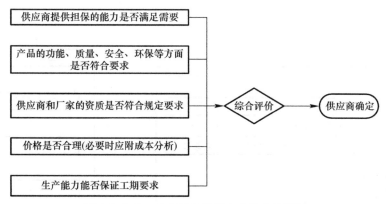

图 2.6.4-3　综合评价及供应商确定流程图

根据上述评价结果选出"质优价廉"者作为最终中标供应商。供应商的确定，由设备材料采购部门提出一致意见，报项目经理批准，提交发包方、监理等相关单位审查批准。

8. 签订采购合同

（1）物资采购部门负责人在与供应商商谈采购合同（订单）时，应与供应商就采购信息充分沟通；

（2）在采购合同（订单）中注明采购物资的名称、规格型号、单位和数量、进场日期、技术标准、交付方式以及质量、安全和环保等方面的内容，规定验收方式以及发生问题时双方所承担的责任、仲裁方式等。

9. 供应商生产过程中的协调、监督

（1）为确保工程各种设备材料及时、保质、保量供应到位，可派出材料设备监造人员；

（2）对部分重要设备材料的生产或供应过程进行定期的跟踪协调和驻场监造。

10. 合理组织材料设备进场

提前对材料堆放场地合理布置，根据施工总体进度要求，合理安排设备材料分批进场，同时优先安排重点设备材料进场，并及时就位安装施工。

2.6.5　总承包与专业分包组织协同

2.6.5.1　施工总承包管理组织架构

施工总承包管理组织架构中，将各专业分包涵盖进来，施工总承包各部门分别对各专业分包进行管理，详见图 2.6.5-1。

2.6.5.2　施工总承包对进度的协调管理

施工总承包对进度的协调管理流程见图 2.6.5-2。

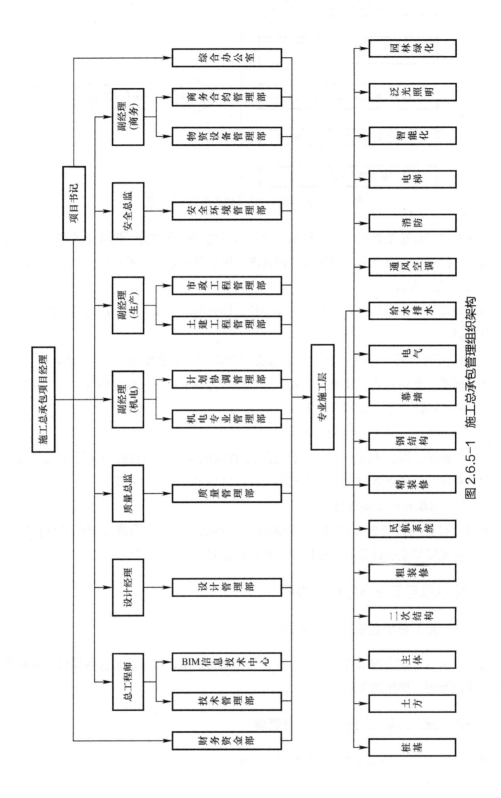

图 2.6.5-1 施工总承包管理组织架构

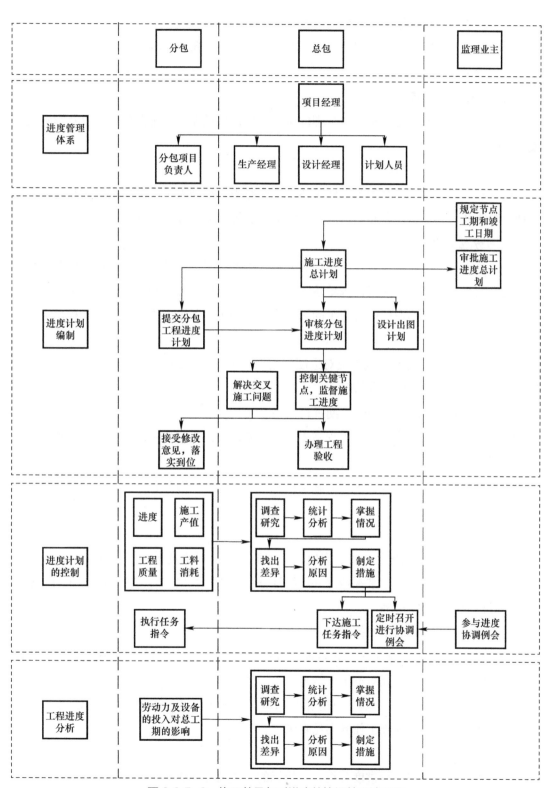

图 2.6.5-2　施工总承包对进度的协调管理流程图

　　施工总承包单位根据工程工期关键控制点，结合工程特点，编制工程总进度计划，并对各专业分包制定阶段性的工期控制点，采取相应的控制和管理措施。

　　1. 进度计划管控的对象和组织

　　（1）进度计划管控对象

　　工期管控的对象是施工总承包管理的所有项目，包括业主指定分包的项目及影响交工或使用的全部分项。

　　（2）进度计划管控组织

　　项目部应建立以项目经理为责任主体、生产经理、计划人员及分包负责人参与的工期管理组织体系。其中应包含业主指定分包但由总承包方负责管理的分包项目负责人。

　　2. 对分包的管理要求

　　（1）总承包单位要求各分包单位提交分包工程的各类进度计划，统筹审核各分包工程的进度计划，编制总进度并报监理单位审批。总承包单位通过组织协调有效解决不同分包工程、不同工序交叉作业的配合施工问题，确保各分包工程施工进度能按照工程总进度计划实施。

　　（2）分包单位接受总承包单位对进度计划调整的意见，并按照调整意见落实劳动力、材料、施工机械等的供应配合情况。

　　（3）总承包单位对关键节点工期进行控制。

　　（4）总承包单位审核各分包工程施工进度计划，并按业主规定的节点工期和竣工日期办理工程验收。

　　（5）总承包单位对各分包工程的施工提供必要的协助，对分包工程施工进度进行监督管理。

　　3. 施工进度计划的控制

　　（1）主控项：工程进度、施工产值、工程质量、工料消耗等内容。计划落实控制期间，应深入现场调查研究，掌握情况并用统计分析方法，找出实际完成情况与计划控制的差异，分析原因，制定措施。

　　（2）施工进度计划的主要控制措施：

　　1）建立例会制度。施工总承包定期召开计划会议，主要检查计划的执行情况，提出存在的问题，分析原因研究对策采取措施。

　　2）下达施工任务指令。施工任务指令由施工总承包生产经理根据施工总进度计划的管控节点签发，制定工程施工任务书见附录二。

　　4. 工程进度分析

　　计划管理人员定期进行进度分析，对指标的完成情况是否影响总目标进行掌握。对劳动力和机械设备的投入是否满足施工进度的要求进行分析，通过总结经验，暴露问题，找出原因并且制定改进措施。

2.6.5.3　工程总承包对质量的协调管理

工程管理总承包质量管理程序详见图 2.6.5-3。

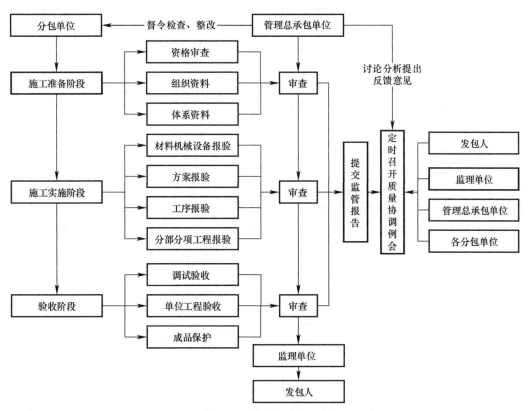

图 2.6.5-3　工程管理总承包质量管理程序

2.6.5.4　施工总承包对民航专业分包的协调管理

1. 深化设计管理

航站楼内民航专业工程的施工是一个综合性系统工程，其主要体现在技术的密集性和设备的"非一体化制造"性上。民航专业工程包括的子系统多且复杂，设备和材料品种多，技术含量高。施工中除民航专业系统之间存在着诸多界面和接口外，民航专业工程与主体结构工程、电气工程、装修装饰工程、消防工程、暖通工程及各类工艺设备之间也存在着大量的接口、界面，以及各种管线的预理、安装支架的预埋、预留孔洞等诸多问题。

施工总承包单位应配备民航专业管理人员，熟悉和掌握民航专业系统中各子系统的设计、施工、验收规范和国家标准，熟悉和了解航站楼内的各种工艺设备，统筹管理民航专业工程的深化设计、施工质量及各项验收工作。

应要求民航专业分包提前 90d 以上完成深化设计，建立 BIM 模型，并将民航专业模型统一到综合安装模型中，解决民航专业与其他专业间的冲突问题。

2. 设备材料管理

民航专业弱电智能化及行李系统等设备采购周期较长，一般为 3~6 个月，总承包单位应要求民航专业分包提前上报设备采购计划，包括所有民航类的材料和设备，明确选样定样时间、签订合同及下单时间、运输时间、到场时间，要满足工程总进度计划要求。

3. 验收管理

民航系统专业验收内容多、时间长，应将民航系统工程验收计划单独列出，并纳入项目总体验收计划中，民航系统验收内容详见第 5 章。

4. 竣工资料管理

民航系统专业工程竣工资料应单独组卷，主要内容详见表 2.6.5-1。

民航系统专业工程竣工资料总目录 表 2.6.5-1

卷号	卷/分部/系统名称	分卷号	分卷/子分部/标段名（资料类）
1	弱电系统竣工资料	A	通信网络系统
		B	火灾报警及消防联动系统［含漏电报警、空气采样探测报警（极早期火灾报警）、报警联动设备分项］
		C	安全防范系统（入侵报警、停车场管理、电视监控系统）
		D	综合布线系统
		E	电源与接地（UPS 不间断电源系统，防雷及接地）
		F	建筑设备监控系统（楼宇自控系统），空调与通风、变配电、照明、热源与热交换、冷却、电梯扶梯、中央管理站与分站、子系统通信接口分项
2	信息系统竣工资料	A	机房工程与功能中心（环境、机柜、桥架、配管、地板）
		B	紫铜均压环、抗静电地板下桥架、机房设备（消防控制中心和值班室）
3	民航弱电系统竣工资料	A	安全防范系统（门禁）
		B	公共广播系统
		C	时钟系统（含航显时钟）
		D	内部通信系统
		E	目视停靠引导系统（泊位引导）
		F	围界安防系统/飞行区
4	民航信息系统竣工资料	A	航班信息集成系统（信息网络系统：管理服务信息系统）
		B	（计算机）网络系统
		C	离港系统（值机办票系统）
		D	安检信息管理系统
		E	航班信息显示系统/航显
5	安检、值机办票等系统竣工资料	A	安检设备安装工程
		B	柜台及其安装

3

高效建造技术

3.1 设 计 技 术

3.1.1 建筑专业主要技术选型

3.1.1.1 金属屋面体系概述

金属屋面的构造层次应根据金属屋面所属的建筑性质和使用要求综合确定，机场金属屋面类型见表 3.1.1-1，金属屋面常见构造如图 3.1.1-1 所示。

机场金属屋面类型 表 3.1.1-1

序号	层次	作用	做法举例	备注
1	双层金属屋面装饰面层（含转换龙骨、转换夹具）	装饰作用	铝单板、玻璃、铝蜂窝板、钛锌蜂窝板等	强度满足可上人要求
2	屋面面层	防水层 / 结构层	铝镁锰直立锁边金属屋面板	结构层
3	通风降噪层	隔声层 / 导汽通风层	通风降噪丝网	
4	柔性防水层	防水垫层	PVC、TPO、APP、SBS 等	
5	找平层	提供柔性防水层铺贴面	艾特板、钢板、镀锌钢板、镀铝锌钢板	
6	承托层	找平层承托	压型钢板、压型铝板、埃特板、木板	
7	保温层	保温隔热	玻璃丝棉板保温层	密度正常即可
8	吸声层	室内吸声	低密度玻璃棉	
9	防尘层 / 隔汽层	防尘、隔汽	无纺布、纤维布、防水透气膜	

续表

序号	层次	作用	做法举例	备注
10	承托层	承托吸声层	钢丝网、拉伸网、装饰底板	
11	屋面结构层	结构构件	钢檩条、钢支托、钢屋架	
12	装饰吊顶层	室内饰面底板	打孔镀锌压型钢衬板	

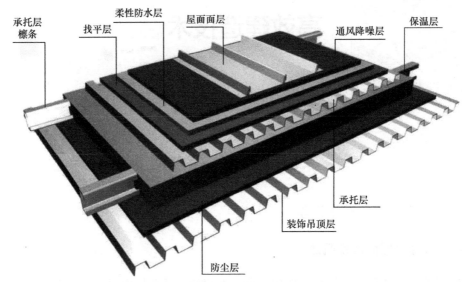

图 3.1.1-1　金属屋面常见构造示意图

常见机场金属屋面做法见表 3.1.1-2。

常见机场金属屋面做法 表 3.1.1-2

序号	项目名称	金属屋面做法	屋面结构
1	天府机场 T1 航站楼	1.0mm 厚 65/300 型铝镁锰合金金属屋面板； 防水透气膜； 150mm 厚（32K）环保玻璃棉； 30mm×30mm×1.5mm 不锈钢丝网； 屋面上层次檩条； 屋面上层主檩条； 1.5mm 厚 TPO 防水卷材； 120mm 厚憎水保温岩棉板； 50mm 厚 24K 吸声棉； 0.3mm 厚聚丙烯（PP）隔汽膜； 0.8mm 厚穿孔 YX35-125-750 镀铝锌压型钢板； 下层次檩条； 下层主檩条	钢网架
2	石家庄正定机场 T2 航站楼	0.9mm 厚 46/400 氟碳涂层直立锁边铝镁锰合金金属屋面板； 120mm 厚（24K）保温玻璃棉；	钢网架

续表

序号	项目名称	金属屋面做法	屋面结构
2	石家庄正定机场 T2 航站楼	不锈钢丝网及防潮层； 40mm×40mm 钢丝网膜； 屋面钢檩条 120mm 高（冷弯薄壁卷边槽钢）@1500mm； 屋面钢檩条 160mm 高（冷弯薄壁卷边槽钢）@1500mm； 结构主檩 300mm×200mm，方钢 3mm×3mm	钢网架
3	青岛胶东国际机场	0.5mm 厚 25/400 型 445J2 不锈钢连续焊接屋面板； 不锈钢固定座：0.2mm 厚 304L 不锈钢 +0.8mm 厚不锈钢底垫板； 3mm 厚隔声泡棉； 1.0mm 厚自粘性防水卷材； 1.2mm 厚镀铝锌平钢板； 1.0mm 厚镀铝锌压型钢板 YX51-250-750； 150mm 厚（24K）憎水环保玻璃棉； 0.3mm 厚 PE 防潮膜； 50mm 厚 16K 憎水玻璃棉吸声层； 无纺布防尘层； 0.8mm 厚 YX25-205-820 型聚酯涂漆穿孔钢底板； 次檩条； 主檩条	钢网架

3.1.1.2　金属屋面设计原则

金属屋面体系全干式施工是机场建筑高效建造优先采用的屋面施工方式，金属屋面设计应遵循以下原则：

（1）根据结构选型进行屋面材料选型；

（2）根据当地气候条件进行屋面材料选型；

（3）根据排水设计特点进行节点设计；

（4）根据建筑功能要求、建筑等级进行屋面材料（构造层次）选型。

3.1.1.3　金属屋面常见问题与设计对策

各类金属屋面板材料对比见表 3.1.1-3。

各类金属屋面板材料对比　　　　　　　　表 3.1.1-3

序号	项次	铝镁锰板	钛锌板	不锈钢板
1	材质	材质为铝镁锰的合金，一般屋面墙面用板为 3004 型。涂层一般采用氟碳喷涂处理	钛锌板为高级金属合金，成分主要为锌以及少量的铜、钛等合金材料。表面颜色为自然氧化的钝化层，不同于油漆喷涂，因此寿命较长，表面涂层被破坏后还有自愈功能	联合不锈钢生产厂家研制出 445J2 超纯铁素体不锈钢，使其国产化，其耐久性、强度等堪比奥氏体 316L 不锈钢，更兼具优良的焊接性能，不仅如此，因其不含镍元素，成本可控，为实现大面积使用不锈钢连续焊接屋面提供了基础

序号	项次	铝镁锰板	钛锌板	不锈钢板
2	美观度	表面可处理成多种颜色，表面涂层破坏后容易出现色差	自然氧化的钝化层天然美观，和任何建筑材料搭配都非常和谐美观，而且颜色非常和谐	一般为本色，颜色单一，由于表面比较特殊，对涂漆工艺要求高，成本较高
3	使用年限	通常寿命都不超过5~10年（恶劣环境下寿命更短）。一旦表面涂层被破坏则腐蚀得更快	通常寿命达80~100年。致密的表面钝化层可以完全保证内层材料不继续被氧化	防腐性能极佳，屋面使用寿命长达80年，可适用于各类恶劣环境
4	固定方式	大部分系统还会采用胶来防水，有时铝板系统的钉子还会外露，会有一定的漏水隐患	根据建筑造型以及选取的系统而定，但是所有的固定方式都不用胶，而且钉子不会外露	设置不锈钢固定座，通过自攻螺栓安装在平钢板上，不锈钢屋面板焊接在固定支座上，使屋面板与支撑系统连成一个整体
5	抗风性	抗风性取决于构造合理性	抗风性取决于构造合理性	焊接不锈钢系统抗风揭能力非常强
6	防水性	根据系统而定，施工可以保证防止漏水	根据系统而定，但是非常好的柔韧性以及可焊接的特性可完全杜绝漏水隐患	屋面板焊接实现屋面全密封，保证了屋面连续焊接的施工质量，可提高屋面防水性能
7	维护性	要经常清洗以确保干净的建筑物外观	锌板的钝化层具有自洁功能，后期节省了大量的维护成本	耐蚀、耐热、耐低温、耐磨损等较好
8	加工性能	其较短的寿命和大量的维护成本使得整体成本增加。最小弯曲半径为3m，铝板实现球形或二维的曲面较困难	锌板的延展性和加工性很好，最小弯曲半径甚至可以达到0.3m，能满足各种形式的建筑设计要求	加工长度不限；自然弧弯可达半径3m以上，机械弯曲可达到150mm；由于弹性模量较大（2.1×10⁵MPa），是铝的3倍，容易在机械弯曲后反弹，对加工设备要求高
9	综合造价对比	500~1000元/m²	900~1200元/m²	1000~1800元/m²

3.1.1.4　非承重墙

室内非承重隔墙采用新型墙体材料，可降低劳动强度，加快施工速度。轻质内隔墙材料主要有ALC板材、陶粒混凝土板、复合墙板等各类墙板。下面以常见的ALC板材和复合墙板为例。

ALC是蒸压加气混凝土（Autoclaved Lightweight Concrete）的简称，它是以粉煤灰（或碑砂）、水泥、石灰等为主原料，经过高压蒸汽养护而成的多气孔混凝土成形板材（其中板材需经过处理的钢筋增强），是一种性能优越的新型建材。ALC板、加气混凝土砌块及轻钢龙骨石膏板主要特点对比见表3.1.1-4。

ALC 板、加气混凝土砌块及轻钢龙骨石膏板主要特点对比　　　表 3.1.1-4

序号	比较项目			ALC 板	加气混凝土砌块	轻钢龙骨石膏板
一	性能对比	1	规格	内部有双层双向钢筋，宽度 600mm，厚度分别为 100mm、120mm、150mm 等，可按照现场尺寸定尺加工，最大长度可达 6m	加气砌块为长度 600mm 的常规尺寸；不能定尺生产，内部无钢筋加强	内部为轻钢龙骨、岩棉，外部两侧为双层石膏板及腻子面层，墙体最大高度可达 7m，根据高度设计龙骨大小
		2	隔声	100mm 厚 ALC 板隔声指数为 40.8dB，每块板面积最大可达 3.6m²，性能均匀分布，板缝较少，整体隔声效果好	砌筑时需要砂浆处理，墙面砖缝较多，砖缝不密实时隔声性能会降低	轻钢龙骨石膏板内侧填充岩棉，具有较好的隔声吸声功能，石膏板厚度可以根据使用需求不同采用不同厚度，达到较好的隔声效果
		3	防火	100mm 厚 ALC 板防火时间大于 3.62h。板内部有双层双向钢筋支撑，火灾时不会过早整体坍塌，能有效防火	墙体因无整体网架支撑，火灾时会层层剥落，在短时间内造成坍塌	轻钢龙骨石膏板内侧填充防火岩棉，防火等级 A 级，为不燃性建筑材料，防火效果较好，能有效隔断火灾
		4	结构	墙板不需要构造柱、配筋带、圈梁、过梁等任何辅助、加强的结构构件	需设置混凝土圈梁、构造柱、拉结筋、过梁等以增加其稳定性及抗震性	墙板根据墙体厚度采用不同龙骨，无须设置构造柱、配筋带、圈梁、过梁等任何辅助、加强结构构件
二	工期对比	1	块板安装	可以按照图纸及现场尺寸实测实量定尺加工生产，精度高，可以直接进行现场组装拼接，安装施工速度快	加气砌块为固定尺寸，不能定尺生产，且需准备砌筑砂浆等，施工速度慢	轻钢龙骨石膏板采用尺寸为 1200mm×2400mm 的单块板，根据现场尺寸实测实量切割拼接安装
		2	辅助结构	不需要构造柱和圈梁、配筋带辅助，工期较短	需要增设构造柱、圈梁等，工期较长	不需要构造柱和圈梁、配筋带辅助，工期较短
		3	装饰抹灰	可以直接批刮腻子，施工速度快	需要挂钢丝网进行双面抹灰且湿法施工，速度慢	可以直接批刮腻子，拼缝处挂玻纤网，施工速度快
三	工序对比	1	工序工种	单一工序及工种即可完成墙体施工	需搅拌、吊装、砌筑、钢筋、模板、混凝土、抹灰等多个工序及工种交叉施工方可完成整个墙体，耗时费力	单一工序及工种即可完成墙体施工
四	经济对比	1	材料	假定价格（运输到施工现场）为 90 元/m²（以 100mm 厚 ALC 板作内墙为例）	200mm 厚的加气块到工地价格约为 180 元/m³；折合平方米单价为 36 元/m²	假定（运到施工现场）石膏板、龙骨（75mm 轻钢龙骨，1.2mm 一道穿心龙骨，轻钢龙骨 50mm）等材料费：295.25 元/m²
		2	砌筑	只需板间挤浆，材料费约 8 元/m²；安装人工和工具费用约 30 元/m²	砌筑砂浆及搅拌、吊装等约 8 元/m²；砌筑人工约为 24 元/m²	无（轻钢龙骨石膏板无须砌筑）

序号		比较项目	ALC 板	加气混凝土砌块	轻钢龙骨石膏板
四	经济对比	3　抹灰	无（ALC 板不用抹灰，直接批刮腻子）	双面抹灰砂浆及搅拌、吊装、钢丝网等约 15 元 /m²；双面抹灰人工费约为 25 元 /m²	无（轻钢龙骨石膏板不用抹灰，钉眼除锈，嵌缝石膏补缝，白乳胶贴牛皮纸，补缝，批刮腻子）
		4　抗震构造	无（ALC 板不用拉结筋、构造柱、圈梁或配筋带等抗震构造）	砌块墙体需设拉结筋、构造柱、圈梁或配筋带，材料和人工费用造价约合 30 元 /m²	无（无需拉结筋、构造柱、圈梁或配筋带等抗震构造）
		5　措施费取费	无（ALC 板可由厂家负责施工，价格一次包干，无措施费及定额取费）	框架结构墙体工程措施费及定额取费约为 30 元 /m²	无（轻钢龙骨施工无措施费）
		最终价格	100mm 厚 ALC 板墙体直接和间接造价不大于 130 元 /m²	加气砌块墙体直接和间接造价不低于 168 元 /m²	轻钢龙骨石膏板综合单价 347.64 元 /m²

3.1.1.5　单元式幕墙

机场项目中挑檐铝板的安装可采用单元式幕墙的施工方式。按照分格特点，在地面组合各个小单元，利用汽车起重机等吊装设备吊装到位，并采用栓接的方式进行固定。具体施工特点如表 3.1.1-5 所示。

单元式幕墙施工特点

表 3.1.1-5

类型	性能说明	高效建造优点	缺点
单元式幕墙	1）施工工期短，大部分工作是在工厂完成的，现场仅为吊装就位、就位固定，工作量占全部幕墙工作量的份额很小； 2）解决受场地限制不能使用吊篮或脚手架的问题； 3）按反吊装方式操作，汽车起重机吊钩加捯链透过网架下吊起小单元，在网内铺设跳板（避开起吊及固定螺栓位置），吊至预定部位采用捯链微调就位，施工人员匍匐在跳板平台上穿螺栓固定	1）幕墙质量容易控制； 2）现场施工简单、快捷，方便管理； 3）此类单元式幕墙的成本较低	机场单元式幕墙施工适用范围较小

综合推荐意见：

（1）单元式幕墙适合具有标准单元规格的玻璃幕墙，因为面板和构件都是在工厂内组装好后整件吊装的，系统的安全性容易保证。但是单元式幕墙对前期资金占用大，土建施工精度要求高。另外设计难度大，人工总成本高，材料品种多，单方面积耗材量大，总体造价较高。

（2）框架式幕墙能满足大多数普通幕墙工程及设计造型，对土建施工精度要求一般，现场处理比较灵活，应用最为广泛。

（3）在单元造型标准化程度高、造价允许的情况下，优先推荐采用单元式幕墙。

3.1.2　结构专业主要技术选型

3.1.2.1　基础选型

机场航站楼基础选型不仅与地基土物理力学性质及土层分布情况、上部结构形式、建筑物的荷载大小情况、使用功能上的要求、地下水位高低等因素有关，还与场地施工条件、工期要求和投资造价有关。根据项目实际情况，综合考虑技术、安全、进度、成本、质量等方面因素，选取技术可行、经济合理的地基基础方案，以期取得最大的综合效益。

航站楼一般层数多、荷载大，基础一般选用桩＋承台基础或桩＋筏板基础居多。航站楼桩基类型见表 3.1.2-1。

航站楼桩基类型　　　　　　　　　　　表 3.1.2-1

桩基类型	适用范围	优点	缺点	高效建造适用性
预制桩	持力层深度大、施工工期短	施工快	锤击沉桩噪声大；穿透较厚砂夹层困难；承载力受限	优先选用
钻孔灌注桩	适用范围大	桩径大，单桩承载力较高	造价高、施工慢	
人工挖孔桩	持力层较浅的、地质较好的地基	施工质量可控、造价低	干作业，施工安全隐患大	
夯扩桩	持力层上覆盖为松软土层，没有坚硬的夹层	设备简单、施工方便、造价低、无排污	噪声大	

3.1.2.2　主体结构选型

主体结构选型根据建筑使用功能要求、抗震设防要求、施工建设周期等综合考虑，一般可用钢筋混凝土框架结构、型钢混凝土框架结构、带钢支撑钢筋混凝土框架结构、钢筋混凝土框架—剪力墙结构、钢框架结构、带支撑钢框架结构等结构形式。各种主体结构形式的特点及基于高效建造优先选用形式详见表 3.1.2-2。

航站楼主体结构形式　　　　　　　　　　表 3.1.2-2

主体结构形式	特点	高效建造适用性
钢筋混凝土或型钢混凝土框架结构	整体性好、可模性好、耐久性和耐火性好，工程造价和维护费用低	
带钢支撑钢筋混凝土框架结构、钢筋混凝土框架—剪力墙结构	整体性好、可模性好、抗震性能好	
钢框架结构、带支撑钢框架结构	施工安装速度较快，具有良好的抗震性能，但工程造价较高	优先选用

3.1.2.3 屋盖结构选型

屋盖结构选型应根据建筑造型要求、水平跨越的距离、下部结构支承条件等综合考虑。根据结构原理不同，将屋盖水平跨越结构分为以下几类：梁桁截面抗弯类、拱壳类、网架类及悬索类等。各种结构类型适用的屋面形式详见表 3.1.2-3。

航站楼屋面形式 表 3.1.2-3

屋面形式	结构类型	屋面跨度	适用形式	高效建造适用性
比较平坦时	梁桁截面抗弯类	较大	桁架式（平面或空间）及其演变形式。桁架分段安装、方便施工组织；工期最短、成本适中	优先选用
有条件实现且边界条件允许的拱形时	拱壳类	较大	无铰拱、两铰拱（壳）、三铰拱等	
平坦或不规则选型	网架类	适中	双层或三层网架，及与其他结构组合演变形式	
有条件实现下凹（或内部下凹）的形状且边界条件允许时	悬索类	较大	单层索网、双层索网、索桁架、索穹顶等。悬索类采用整体提升施工速度快。工期适中、成本较高	
由刚性构件上弦、柔性拉索、中间连以撑杆形成的混合结构体系	张弦梁类	较大	平面张弦梁结构、空间张弦梁结构	

3.1.3 给水排水专业主要技术选型

现对机场航站楼给水排水专业设计中几种典型的常用系统形式进行分别叙述。

3.1.3.1 生活水泵供水形式

常用生活水泵供水形式见表 3.1.3-1。

常用生活水泵供水形式 表 3.1.3-1

序号	比较项	室外给水管网直接供水	变频生活水泵叠压供水	变频生活水泵+低位生活水箱
1	供水稳定性	较稳定	较稳定	稳定
2	水质	水质好	水质好	水质有污染的可能性
3	控制复杂程度	简单	复杂	复杂
4	占用机房面积	无	较小	较大
5	推荐选型	优先推荐	推荐	推荐
备注		大多数为机场内部供水站直接供水，仅有少量由城市市政给水管直接供水	局部水压不足时，建议采用	1）当机场内部无供水站或供水站能力不足时；2）无城市市政给水管，或城市市政给水供水能力不足时，建议采用

3.1.3.2 消火栓系统形式

消火栓系统形式见表 3.1.3-2。

消火栓系统形式

表 3.1.3-2

序号	比较项	低压	临时高压	常高压
1	定义	能满足车载或者手抬移动消防水泵等取水所需的工作压力和流量的供水系统	平时不能满足水灭火设施所需的工作压力和流量,火灾时能自动启动消防水泵以满足水灭火设施所需的工作压力和流量的供水系统	能始终保持满足水灭火设施所需的工作压力和流量
2	给水方式	利用市政给水管网	消防水池(或市政给水管网)—消防水泵—水灭火设施	1)市政给水管网(或其他给水管网)—水灭火设施; 2)高位消防水池—水灭火设施;
3	类型选择	室外宜低压	室外:当市政给水管网条件无法满足规范要求时,室外消火栓系统应设置临时高压系统。 1)室外高压或临时高压宜与室内合用; 2)独立的室外临时高压宜设稳压泵。 室内:推荐采用	室外:一般情况下不选择; 室内:与临时高压一样,推荐用于室内
4	占用机房面积	小	较大	大
5	初投资	小	较大	大

3.1.3.3 太阳能热水系统形式

太阳能热水系统形式见表 3.1.3-3。

太阳能热水系统形式

表 3.1.3-3

序号	比较项	太阳能(间接换热)+容积式热水器+锅炉	太阳能(直接加热)+储热水箱+锅炉	太阳能+板换+储热水箱+锅炉
1	原理	太阳能作为热媒首先通过容积式水加热器将冷水预热;温度若无法达到使用水温(一般设置为60℃),则将开启锅炉的高温热媒进行加热	太阳能作为热媒首先通过储热水箱(开式)将冷水预热;温度若无法达到使用水温(一般设置为60℃),则将开启锅炉的高温热媒进行加热	太阳能作为热媒首先通过板换将储热水箱中的冷水预热;温度若无法达到使用水温(一般设置为60℃),则将开启锅炉的高温热媒进行加热
2	热水系统开式或闭式	闭式	开式	均可
3	热媒介质	无要求	水	寒冷地区推荐使用防冻液类介质
4	热水供水稳定性	稳定	相对稳定	稳定
5	占用机房面积	大	较小	较大

续表

序号	比较项	太阳能（间接换热）+容积式热水器+锅炉	太阳能（直接加热）+储热水箱+锅炉	太阳能+板换+储热水箱+锅炉
6	初投资	较高	低	较低
7	推荐系统及推荐原因	对供水要求相对稳定可靠的场所推荐使用	对供水稳定可靠性要求不很高的场所推荐使用	对供水要求相对稳定可靠的场所，且寒冷地区推荐使用

注：航站楼宜采用分散式的热水供应。在VIP或餐饮区域可设置太阳生活热水系统或其他可再生能源热水系统。

3.1.4　暖通专业主要技术选型

3.1.4.1　能源形式对比

机场供热、制冷设施的规模和标准应根据机场所处的地理位置、气候特征及机场航空业务量、建筑物面积和功能来确定。

制冷、供热系统应综合配置和利用，应优先选用清洁、高效的能源，提高能源利用效率，节约能源。对于制冷负荷相对集中、空调用量较大的机场，应设置集中供冷系统，设置集中制冷站及场区供冷管网；对于供冷负荷分散、空调用量较小的机场不宜设置集中供冷系统。机场供热热源一般采用独立的区域锅炉房集中供热，有条件时，可利用城市热力网或地热资源，分散式的锅炉房只有在通过技术、经济比较后方可选用。

大型机场通常建造独立的能源中心为机场内如航站楼、货运站、办公区等功能性建筑供能，为单体工程。能源中心通常采用电制冷机组+锅炉、溴化锂机组或冰（水）蓄冷+锅炉这几种形式。

能源系统形式对比见表3.1.4-1。

能源系统形式对比　　　　　　　　　　　　　表3.1.4-1

冷热源形式	电制冷机组+锅炉	溴化锂机组	冰（水）蓄冷+锅炉
原理	制冷机通过电制冷，并通过冷却塔向室外空气散热；锅炉通过燃烧油或天然气制热	通过燃烧油或天然气制冷、制热	基本原理与电制冷机组+锅炉一致，可利用夜间低谷期制冰（水）蓄冷，白天用电高峰期释冷
特殊要求	无	无	有峰谷电价差的项目较为有利
性能	制冷效率全年稳定；压缩机做功，机器损耗较大，备品备件相对较多；锅炉循环水做好水处理，运行年限可以很长，损耗不大	效率取决于直燃机组的真空度，若真空度降低，cop指数下降较快，故在使用几年之后，机器效率衰减迅速。热交换做功，对机器损耗少，备品备件少	制冷效率全年稳定；压缩机做功，机器损耗较大，备品备件相对较多；锅炉循环水做好水处理，运行年限可以很长，损耗不大
调节范围	常规离心机组可在30%~100%范围调节；在30%以下负荷运行时可能会产生喘振。锅炉可根据末端供暖负荷的变化开启台数及运行时间，调节性能好	吸收式制冷负荷可在20%~100%范围调节。当冷却水温度较低时，低于23℃有可能引起结晶，导致运行故障	常规离心机组可在30%~100%范围调节；在30%以下负荷运行时可能会产生喘振。锅炉可根据末端供暖负荷的变化开启台数及运行时间，调节性能好

续表

冷热源形式	电制冷机组 + 锅炉	溴化锂机组	冰（水）蓄冷 + 锅炉
检修维护	制冷主机及锅炉均可利用反季停机时间进行检修保养	对于全年运行设备综合使用率较高的项目，负荷高峰期机器故障停机维修对于用户影响较大	制冷主机及锅炉均可利用反季停机时间进行检修保养
环保性	使用环保冷媒塔楼屋顶需预留烟囱	溴化锂溶液无毒无味，对环境无影响，使用燃气驱动溴化锂机组需要烟囱	使用环保冷媒塔楼屋顶需预留烟囱
机房需求	需专门的制冷机房和锅炉房（且需泄爆）	较小，约为冷机房 + 锅炉房总面积的 70%～90%	较大，其中冰蓄冷约为常规冷机房 + 锅炉房总面积的 170%～180%；水蓄冷机房面积较常规冷水机组 + 锅炉房的面积增加不多，可将蓄冷水罐放置在室外
室外占地面积	无	无	无
噪声	冷却塔放置在地面绿化带时噪声较大	冷却塔放置在地面绿化带时噪声较大	冷却塔放置在地面绿化带时噪声较大
控制系统要求	相对简单	相对复杂	较复杂
施工便利性	系统较为常规，但设备配套多，安装较复杂	系统复杂，需大量的配套设施，安装工程量大	系统复杂，需大量的配套设施，安装工程量大
施工周期	较短	较长	长
使用寿命	30 年以上	6～8 年	30 年以上
初投资	300～400 元 /m²（建筑面积）	400～450 元 /m²（建筑面积）	400～600 元 /m²（建筑面积）
推荐性意见	常规采用电制冷机组 + 锅炉作为产能设备；在峰谷电价和场地条件具备时，可采用水蓄冷 / 冰蓄冷集中供冷系统，有助于实现以"满足空调负荷需要并节省系统运行费用"为基本原则的运行策略；当项目所处地块有余热废热或严重缺电，或燃气价格很低时，可采用溴化锂机组，可削减电力投资及减小基底供电负荷的压力		

3.1.4.2　设备（锅炉）选型对比

锅炉形式对比见表 3.1.4-2。

锅炉形式对比　　　　　　　　　　　　　　　　　　　表 3.1.4-2

比较项	承压锅炉	常压锅炉	真空热水锅炉
运行压力	承压运行，通常为 1.0MPa	锅炉本体顶部表压为零（与大气相通）	负压运行
是否需要相关部门审验	必须有消防报审、锅炉检验等相关程序	须消防报审，须去当地质检部门锅检所办理登记手续后才可使用	按照相关规范无须报审、锅炉安全检验以及登记；但是仍须满足当地消防及质检部门锅检所的要求

比较项	承压锅炉	常压锅炉	真空热水锅炉
热输出状况	炉腔内水温上升即开始输出热量，热输出稳定	炉腔内水温上升即开始输出热量，热输出稳定	真空沸腾之后才开始输出热量，停止沸腾，几乎马上停止热输出，如果燃烧器开机时间长，压力会升高，自动停炉，不能保持沸腾。水温波动相对大，燃烧器启停频繁。热输出不稳定
安全性问题（泄爆口）	锅炉布置需要考虑泄爆口	一般需设泄爆口，若不设置需要与当地消防及安监部门沟通并确认	一般需设泄爆口，若不设置需要与当地消防及安监部门沟通并确认
水质保证	有补水，有结垢可能	由于热媒水直接与大气相通。补水量较承压锅炉更大，结垢可能大于承压锅炉	有补水，内部一般情况下不结垢
设备腐蚀	热媒水与大气隔绝，基本没有大气腐蚀问题	热媒水与大气相通，有氧气进入，会导致腐蚀问题	炉内部为真空，与大气完全隔绝，机组配置的抽气泵不断排出机组内的气体，正常情况下无内部腐蚀可能
占用机房面积	115%~120%	115%~120%	100%
初投资	130%	100%	150%
使用寿命	15~20 年	10~15 年	20~30 年
推荐性意见	考虑设备安全性及机房面积，常规采用真空热水锅炉；若考虑适当降低初投资，且需高温出水条件，可考虑承压锅炉；一般不建议采用常压锅炉		

3.1.4.3 航站楼末端空调形式对比

航站楼末端空调形式对比见表 3.1.4-3。

航站楼末端空调形式对比 表 3.1.4-3

比较项	全空气变风量（VAV）系统	风机盘管+新风	多联机+新风
原理	属于全空气系统，通过改变送风量，维持送风温度恒定的空调系统	属于空气—水系统，手动三档风量或自动就地恒温控制	属于冷媒系统，手动三档风量或自动就地恒温控制
占用机房面积	空调与冷热源可以集中布置在机房，占用机房面积较大，层高要求较高	末端设备分布设置于服务区内，新风机房设置于设备层，相对占用机房面积小	末端设备分布设置于服务区内，新风机房设置于设备层，相对占用机房面积小。若采用全热回收形式的新风机组，可无需新风机房
吊顶高度	因属于全空气系统，风管较大，占用吊顶高度大，机电空间约需 700mm	风机盘管可布置在梁间，新、排风管道较小，总体占用高度较小，机电空间约需 400mm	室内机可布置在梁间，新、排风管道较小，总体占用高度较小，机电空间约需 400mm

续表

比较项	全空气变风量（VAV）系统	风机盘管 + 新风	多联机 + 新风
控制系统	系统控制复杂，若控制不力，则能耗大幅提高，对自动控制要求最高，自控成本也最高	风机盘管控制可由三速开关或BA（楼宇设备自动控制系统）进行控制，较为简单。自控成本一般	室内机控制可由三速开关或BA 进行控制，较为简单。自控成本一般
节能性	通过改变房间送风量，而节约风机的能耗。节能性较好	节能效果较差，末端设备多，用电量较大	室外机变频，部分负荷工况下，节能效果较好
舒适性	良好的舒适性，室内温度可根据个人要求进行调节	温度调节进入BA 控制，可实现温度调节良好。可分内外区域控制冷暖需求	因冷媒温度的限制，冬夏季送风温差较大，舒适性一般
噪声	末端若采用直连风口或无运行部件的单风道VAVbox，噪声小；风机型VAVbox 低频噪声难以消除，噪声较大	风机盘管中有旋转部分（风机、电机），因而噪声取决于旋转部分的质量	室内机设备较多，噪声较大
灵活性	大空间若划分较多的小房间，则调整难度较大	可以适应不同布局，灵活方便	可以适应不同布局，灵活方便
空气品质	全空气系统，占用机房面积较大，可以采用粗、中、高效过滤器净化空气，空气品质高	需设置新风机组，但机房面积小。新风机组虽经过过滤杀菌，但新风量较小，大量空气还是在室内循环，总体空气品质较全空气系统差	需设置新风机组，但机房面积小。新风机组虽经过过滤杀菌，但新风量较小，大量空气还是在室内循环，总体空气品质较全空气系统差
检修	直连风口或末端皆为单风道VAVbox 的系统检修较定风量全空气系统简单；末端采用风机型VAVbox 及采用再热盘管的系统，检修较复杂，且有漏水隐患	末端设备分布较广，管路较多，检修较为复杂，水管还存在漏水隐患，检修系统影响范围大	末端设备分布较广，但各系统有其独立性，检修对整体系统影响范围小
施工便利性	不便利	较便利	便利
施工周期	较长	较短	短
初投资	500～600 元 /m²（含冷热源，建筑面积）	350～400 元 /m²（含冷热源，建筑面积）	450～500 元 /m²（含冷热源，建筑面积）
推荐性意见	值机大厅、候机大厅、中转厅、行李提取、迎客大厅、大型商业等高大空间建议采用	VIP、CIP 休息室、办公、小型商业、餐饮等小空间集中区域建议采用	VIP、CIP 休息室等相对独立的空间且空调运行时间与主体不一致的区域可采用

3.1.4.4　登机桥空调形式对比

登机桥作为连接飞机与航站楼的桥梁，为进出机场的旅客提供全天候、舒适和安全的行走空间，同时也为不同的机场规划和机坪布置提供经济、灵活的解决方案，提高了机场的运行效率和航站楼的服务水平。

登机桥可采用专业成品登机桥（配置空调）或独立的冷热源如多联机系统。多联机系统冷媒管较小，易于隐藏，在管线布置、与建筑空间要求的匹配度方面较优，同时调试难度也较低。或与航站楼采用统一的空调冷热源，末端可设置吊柜式空调器（全回风循环系统）或风机盘管，新风由与其相连的其他区域新风或外门自然补进，该方案主要优点在于系统可与航站楼空调主系统共用冷热源，系统造价较低。两种系统形式对比见表3.1.4-4。

登机桥空调形式对比

表3.1.4-4

比较项	风盘或吊柜式空调器	多联机系统
原理	与航站楼合用冷热源，末端采用吊柜式空调器或风机盘管	独立冷热源，采用多联机系统
建筑配合	需考虑空调冷热水管从航站楼接入固定登机桥吊顶的方式	冷媒管较小，易于隐藏，但需有室外机布置在登机桥上方或附近
舒适性	温度调节进入BA控制，可实现良好的温度调节。舒适性较好	因冷媒温度的限制，冬夏季送风温差较大，舒适性一般
灵活性	较高	高
检修	共用系统，检修受主体系统影响	独立系统，检修方便
施工便利性	较便利	便利
施工周期	较短	短
初投资	较低	较高
推荐性意见	固定登机桥可采用风盘、吊柜式空调器或多联机系统，活动登机桥建议采用多联机系统	

3.1.5 电气专业主要技术选型

现对机场航站楼建筑电气专业设计中几种技术方式进行对比分析。

3.1.5.1 照明控制系统形式对比

机场航站楼平面面积庞大，各种功能区域划分极其复杂，尤其是走廊、廊道、电梯前室、楼梯间、候机大厅、办票大厅、行李提取大厅以及旅客到达大厅等公共区域多而分散，其照明的控制和管理需要一整套程序化、智能型的设备来完成，以实现对上述公共区域照明的分时、定时、分区域、按航班、根据外部采光条件以及按人流量等进行实时有效地控制，达到节省人力和节约电能的目的。

通常航站楼内公共区域照明控制可以采取总线制智能型控制系统或传统BA控制系统，其技术经济性对比详见表3.1.5-1。

照明控制系统形式对比　　　　　　　　　　　　　表 3.1.5-1

序号	比较项	总线制智能型控制系统	传统 BA 控制系统
1	控制对象	强电系统设备	弱电系统设备
2	拓扑结构	传感器—控制网络—驱动器	中央站（软件支持）—现场层（DDC）—传感器、执行器
3	系统组成	传感器、驱动器及系统元件	中央站、现场控制器（DDC）、仪表及执行器
4	控制功能	照明、遮阳和各种安全系统的控制，应用于供暖、通风、空调、监视、报警、供水、能源计量和管理	空调、通风、变配电、照明、给水排水、热源与热交换、冷冻和冷却、电梯等系统
5	控制方式	手动控制、自动控制、集中控制（软件）	集中控制（软件）
6	设备安装	控制设备为标准模块化产品，导轨安装，配电箱系统成套，设备安装电缆输入输出安全、可靠	DDC 弱电箱＋配电箱，在配电箱内做二次回路设备安装，接线点多、故障率高，弱电控制线与强电系统难以完全分离，系统安全系数低，不便于检修
7	管线敷设	总线电缆与强电同管同槽敷设	弱电系统管线敷设
8	成本分析	较高	较低
9	推荐性意见	中、大型机场航站楼对灯光控制要求较高的场所、需要调光的场所建议采用	小型机场航站楼对灯光控制要求不高的场所、不需要调光的场所建议采用

3.1.5.2　高压柴油发电机组与低压柴油发电机组的比较

机场航站楼建筑由于人员密集，建议在市电满足一级负荷的供电要求前提下，为确保供电连续性再设置柴油发电机组。根据建筑内特别重要负荷以及消防负荷的分布情况，可设置高压柴油发电机组或低压柴油发电机组，其技术经济性对比详见表 3.1.5-2。

高压柴油发电机组与低压柴油发电机组对比　　　　　表 3.1.5-2

序号	比较项	低压柴油发电机组	高压柴油发电机组
1	结构	柴油机、发电机、底座、控制屏、附件等	除采用高压发电机外，其余与低压柴油发电机组相同
2	容量	可多台机组并列运行，最大可达近 2000kW	可多台机组并列运行，最大可达近 2500kW
3	输送距离	输送距离较短	输送距离较长
4	损耗	在输配电线路中损耗较大	在输配电线路中损耗较小，基本不存在输送发热问题
5	成本	设备初期投资较少，维护成本较低，低容量、短距离使用时有较大优势，高容量、长距离使用时成本将远远高于高压柴油发电机组	设备初期投资较大，维护成本较低，对于高容量、长距离输配电具有明显优势
6	操作维护	操作使用较为简单，对操作使用人员要求较低	操作使用较为复杂，对操作使用人员要求较高，必须具有相应高压操作证才能操作
7	配置	配置较为简单	配置较为复杂，尤其在发电机及输出配电柜方面，同时在各区域还要配置中压 ATS 或专用降压变压器

序号	比较项	低压柴油发电机组	高压柴油发电机组
8	安全	安全性能较高、技术较为成熟、技术门槛较低	安全性能较高、技术较为成熟、技术门槛较高
9	推荐性意见	低容量、短距离时，推荐使用	高容量、长距离时，推荐使用

3.2 施 工 技 术

3.2.1 基坑工程

机场基坑工程具有以下特点：

（1）新建机场航站楼地下结构空间建筑功能主要为电气管廊、机电管廊和空调机房等管线管廊和机电设备用房。地下机电管廊多为局部地下室，即地下管廊外为航站楼首层地基基础和首层梁板结构，但地下管廊设置贯穿航站楼中心区和各支廊，地下管廊深度（地下室层高）为2～7m不等。地下机电管廊基坑工程需要考虑其对管廊外航站楼首层结构地基与基础的影响。

（2）新建航站楼设置地铁、城际高铁等城市交通枢纽站或与旧航站楼间设置地下联络客（货）运通道时，其交通枢纽站台一般位于航站楼中心区，站台、通道周边地下结构有旅客出发、到达站台，交通轨道和配套办公用房，地下结构一般比较深，其深度可达10～15m。若该区域遇航站楼机电管廊，为满足机电管廊管线布设要求，管廊下穿站台、交通轨道等，还可能存在坑中坑支护的情况。

（3）新建航站楼登机桥远端基础，均位于航站楼外飞行区站坪上，其下一般设置登机桥配电小间，配电小间顶板面高出飞行区站坪约150mm，基础埋置深度为2.5～3.5m。因航站楼登机桥数量较多且分散不集中，基坑工程可采用放坡开挖土钉挂网喷锚支护形式。

基坑工程施工技术选型见表3.2.1-1。

3.2.2 地基与基础工程

地基与基础工程施工技术选型见表3.2.2-1。

3.2.3 混凝土工程

混凝土工程施工技术选型见表3.2.3-1。
预应力工程施工技术选型见表3.2.3-2。

表3.2.1-1

基坑工程施工技术选型

序号	名称	适用条件	常见结构组合	应用特点及适用条件		工期和成本	应用工程实例
				优点	缺点		
1	支挡式结构（锚拉式）	1) 适用基坑等级为一级、二级、三级； 2) 锚杆不宜用在软土层和高水位的碎石土、沙土层中； 3) 排桩适用于可采用降水或截水帷幕的基坑	现浇混凝土灌注桩（人工成孔）—锚拉式（支撑式、悬臂式）	1) 桩端持力层便于检查，质量容易保证，桩底沉渣易控制； 2) 容易得到较高的单桩承载力，可以扩底，以节省桩身的混凝土用量； 3) 孔壁混凝土亲水护不同隙长，需要较多劳动力，成桩工效较低	1) 受地下水位影响较大，地下水位较高时，施工要注意降水排水； 2) 存在透水性较大的砂层时不能采用； 3) 爆破中风化岩层时噪声大； 4) 桩长不宜过长（<30m），施工时应采取更为严格的安全保护措施	人工便宜，施工成本低，施工效率低，需要劳动力多，对安全要求很高	桂林两江国际机场T2航站楼，昆明长水国际机场S1卫星厅
2	支挡式结构（支撑式）	1) 适用基坑等级为一级、二级、三级、较浅的基坑； 2) 锚杆不宜用在软土层和高水位的碎石土、沙土层中； 3) 排桩适用于可采用降水或截水帷幕的基坑	现浇混凝土灌注桩（机械成孔）—锚拉式（支撑式、悬臂式）	1) 地下水位较高时，不用降水即可施工，基本不受雨季雨雨天的影响； 2) 机械施工、施工时对周围的现状影响较小； 3) 钻孔桩可以灵活选择桩径，降低浪费系数； 4) 适用于桩身长较大的桩基础	1) 桩底沉渣难以处理，桩身泥上影响侧侧壁摩阻力的发挥； 2) 在中风化岩层很难扩底、单桩承载力难以提高； 3) 废弃泥浆多，不环保，环境要求高； 4) 在冲击岩石时速度慢； 5) 若桩孔处于干岩层面起伏状较大部位易产生斜孔	机械成孔安全性较高，施工效率3~5根/d/机（30m左右）	
3	支挡式结构（悬臂式）	1) 适用基坑等级为一级、二级、三级、较浅的基坑； 2) 锚杆不宜用在软土层和高水位的碎石土、沙土层中； 3) 排桩适用于可采用降水或截水帷幕的基坑	SMW工法桩—锚拉式（支撑式、悬臂式）	1) 施工噪声小，对环境影响小； 2) 具有挡土、止水双重功能； 3) 桩身强度高； 4) 型钢可回收利用，造价低； 5) 土质可原地取材，弃土量少，施工速度快，可靠性高	1) 基坑支护深度受限； 2) 跟原土质质关联，受限黏性土层； 3) 桩身垂直度控制难度大	安全可靠性，施工快，70~80m²/台班	
			钢板桩—锚拉式（支撑式、悬臂式）	1) 钢板桩具有良好的耐久性，基坑施工完成后其钢板拔出回收利用； 2) 施工方便，工期短	1) 不能挡水和土中的细小颗粒，在地下水位较高的地区需采取隔水和降水措施； 2) 抗弯能力较弱，多用于深度≤4m的较浅基坑，顶部宜设置一道支撑或锚拉； 3) 支护刚度小，开挖后变形较大	槽钢200~300根/d；拉森钢板桩100~150根/d	

续表

序号	结构类型		常见结构组合	应用特点及适用条件		工期和成本	应用工程实例
	名称	适用条件		优点	缺点		
4	土钉墙（单一土钉墙）	1）使用基坑等级为二级、三级；2）适用于地下水位以上或降水的非软土基坑，且基坑深度不宜大于12m	单一土钉墙	1）稳定可靠，经济性好，效果较好，在土质较好地区应积极推广；2）施工噪声、振动小，不影响环境；3）土钉墙成本费较其他支护结构低很多	1）土质不好的地区难以运用；2）需土方配合分层开挖，对工期要求紧，工地投入较多设备；3）不适用于没有临时自稳能力的淤泥土层		昆明长水国际机场S1卫星厅
5	土钉墙（预应力锚杆复合土钉墙）	1）使用基坑等级为二级、三级；2）适用于地下水位以上或降水的非软土基坑，且基坑深度不宜大于15m	预应力锚杆复合土钉墙	1）预应力锚杆主要特点是通过施加预应力来约束土钉墙边墙变形，大大提高基坑边坡的稳定性	1）预应力锚杆需要设置混凝土或工字钢腰梁作为连接点；2）预应力锚杆需要待土钉墙混凝土腰梁达到一定强度后方可施拉，有一定施工间歇时间；3）预应力锚杆对长度、角度和灌浆等施工质量控制要求较高		
6	土钉墙（水泥土桩复合土钉墙）	1）使用基坑等级为二级、三级；2）用于非软土基坑时，基坑深度不宜大于12m；用于淤泥质土基坑时，基坑深度不宜大于6m；不宜用于在高水位基坑，沙土层中	水泥土桩复合土钉墙	1）复合土钉具有挡土、止水的双重功能，效果良好；2）可就地取材，施工速度快；3）施工噪声小，对环境影响小	1）基坑支护深度受限；2）跟原土质关系紧，受限黏性土、避免沙土层；3）桩身控制垂直度难度大；4）强度和刚度较低，侧向位移较大	安全可靠性高，施工快，70~80m²/台班	
7	土钉墙（微型桩复合土钉墙）	1）使用基坑等级为二级、三级；2）适用于地下水位以上或降水的基坑，用于非软土基坑时，基坑深度不宜大于12m，用于淤泥质土基坑时，基坑深度不宜大于6m	微型桩复合土钉墙	1）微型桩具有超前支护作用，使得土钉墙可承受较大的弯矩和剪力，变形得以有效控制；2）施工方便，工期短、造价低等优点，可以有效地控制基坑变形，大大提高基坑边坡的稳定性	1）微型桩需要设置混凝土腰梁或工字钢腰梁作为连接点；2）微型桩需要钻孔、埋管和灌浆等工序，有一定的施工间歇时间		

续表

序号	名称	适用条件	常见结构组合	优点	缺点	工期和成本	应用工程实例
8	放坡	1）施工场地满足放坡条件；2）放坡与上述支护结构形式结合；3）使用基坑等级为三级	自然放坡	1）造价低廉，不需要额外支付支护成本；2）工艺简单，技术含量较低，工期短，方便土方开挖	1）需要场地宽广，周边无建筑物和地下管线，具备放坡坡度要求条件；2）土方回填量大，坡顶变形较大，不能堆载较大荷载		桂林两江国际机场T2航站楼，昆明长水国际机场S1卫星厅

地基与基础工程施工技术选型

表3.2-1

序号	名称	适用条件	高效建造技术优缺点	工期和成本	案例
1	地基 素土（天然地基）	岩土层为风化残积土层、全风化岩层、强风化岩层或中风化软岩层，可采用天然地基	不需要对地基进行处理就可以直接放置基础的天然土层。当土层地质状况较好，承载力较强时可以采用天然地基	地质允许条件下优先选用	昆明长水国际机场S1卫星厅
2	基础 钢筋混凝土扩展基础	1）平板式筏板基础由于施工简单，在高层建筑中得到了广泛的应用；2）独立基础一般适用于楼层较低的多层框架结构房屋，若地质情况好，部分高层也可以采用	1）筏板基础既能充分发挥地基承载力，调整不均匀沉降，又能满足停车库的使用要求，是较理想的基础形式；2）当建筑物上部结构采用框架结构或单层排架结构承重时，基础常采用矩形、圆柱形和多边形等形式的独立式基础	施工速度最快，成本高，地质允许条件下优先选用	昆明长水国际机场S1卫星厅
3	基础 钢筋混凝土预制桩	1）一般黏性土、中密以下的沙土、粉土，持力层进入密实的沙土、硬黏土；2）含水量较少的粉质黏土和沙土层；3）持力层上覆盖为松软土层，没有坚硬的夹层；4）持力层顶面的土质变化不大，桩长易于控制，减少截桩或多次接桩；5）工期紧的工程。工厂化预制，现场安装，缩短工期	预制桩优点：1）桩身质量易于保证和检查；2）桩身混凝土的密度大，抗腐蚀能力强；3）施工效率高，大面积作业下成桩速度极快；4）因属于挤土桩，打入后其周围的土层挤密，从而提高了地基承载力。预制桩缺点：1）要顾及挤土效应对周围环境的影响，施工时易引起周围地面隆起，有时还会引起相邻已就位桩上浮；2）受运输及起重设备限制，单节桩的长度不易过长；3）不能用于抗水平荷载，不易穿透较厚的坚硬地层	施工速度快，成本较高	昆明长水国际机场S1卫星厅

续表

序号	名称	适用条件	高效建造优缺点	工期和成本	案例
4	基础 泥浆护壁成孔灌注桩	1) 在地质条件复杂、持力层埋藏深、地下水位高等不利于其他成孔工艺及人工挖孔工艺时，优先选用此工艺； 2) 桩端、桩周持力条件比较好的各种大型、特大型工程和对单桩承载力要求特别高的特殊工程	灌注桩优点： 1) 适用于不同土层，桩长可达88m； 2) 仅承受轴向压力时，只需配置少量构造钢筋； 3) 单桩承载力大； 4) 钻孔灌注桩具有入土深、能进入岩层、刚度大、承载力高、桩身变形小的优点，并可方便地进行水下施工。 灌注桩缺点： 1) 桩身质量不易控制，容易出现断桩、缩颈、露筋和夹泥的现象； 2) 桩身直径较大，孔底沉积物不易清除干净	施工速度慢，成本比预制桩比较低	桂林两江国际机场T2航站楼、昆明长水国际机场S1卫星厅
5	基础 人工挖孔桩	人工挖孔桩适用范围： 1) 适用于持力层在地下水位以上的各种地层，或地下水较少，或成桩质量容易控制的地区； 2) 适用于承受较大荷载的建（构）筑物； 3) 适用于无水或渗水量较小的填土、黏性土、粉土、沙土、砂砾石、漂石层、风化岩石地层	人工挖孔桩优点： 1) 单桩承载力高，充分发挥桩端土的端承力，可嵌入地层一定深度，抗震性能好； 2) 人工开挖，质量易于保证； 3) 当土质复杂时，可以边挖掘边用肉眼验证土质情况； 4) 可利用多人同时进行若干根桩施工，桩底部易于扩大。 人工挖孔桩缺点： 1) 持力层地下水位以下难以成孔； 2) 人工挖孔效率低，需要大量劳动力； 3) 挖孔过程中有一定的危险，对安全要求高，如有气体，易燃气体，孔内空气稀薄等	较机械成孔成本低	
6	基础 沉管灌注桩	适于在黏性土、淤泥、淤泥质土、稍密的沙石及杂填土层中使用，但不能在密实的中粗砂、砂砾石、漂石层中使用	锤击沉管灌注桩劳动强度大，要特别注意安全。 优点： 可避免一般钻孔灌注桩桩尖浮土造成的桩身下沉，持力不足的问题，有效改善桩身表面泛浆现象，该工艺更节省材料。 缺点： 1) 施工质量不易控制，拔管过快易造成桩身缩颈，先期浇注的桩易受到挤土效应产生斜断裂现象，锤击会产生较大噪声，振动会影响周围建筑物，使用受限，部分城市禁止在市区使用。适合土质疏松、地质状况复杂的地区，但遇土层有较大孤石时，应改用其他施工工艺穿过孤石	有明确的适用条件	

混凝土工程施工技术选型　　　　　　　　　　　　　　　表 3.2.3-1

序号	方案名称	适用条件	技术特点	高效建造优缺点	工期和成本	工程案例
1	跳仓法施工技术	地下室、主体结构	通过落实"减、放、抗"的综合施工措施，有条件地取消温度后浇带，做到便捷施工、降低成本、保证质量	优点： 1）可取消温度后浇带，避免留设后浇带对预应力张拉、模板支设、交通组织等不利影响，大幅节约工期，提高施工质量； 2）各道施工工序流水进行，相邻看台结构混凝土递推浇筑，依次连成整体，无缝施工，利于施工组织，减少资源投入，节约成本	施工周期、成本投入低于后浇带施工	
2	圆柱定型模板施工	圆柱部位	定型加工大圆柱模板代替弧形木模板支模	优点：大大减少木模板的投入，定型加工提高施工质量，减少模板拼缝，减少施工成本，周转率高。 缺点：定型模板一次投入大，泛用性不高	减少支模时间 10% 以上	桂林两江国际机场 T2 航站楼、昆明长水国际机场 S1 卫星厅
3	异形大拱脚施工技术	屋面钢结构拱脚	BIM 与深化设计技术结合，实现复杂节点优化	优点：通过 BIM 技术提前深化设计解决异形钢结构拱脚的施工支模与设计难度问题，保证施工安全与成形质量。信息化技术可有效实现异形混凝土结构快速施工	通过深化设计加快施工工期	桂林两江国际机场 T2 航站楼

预应力工程施工技术选型　　　　　　　　　　　　　　　表 3.2.3-2

序号	方案名称	适用条件	技术特点	高效建造优缺点	工期和成本	工程案例
1	有粘结预应力梁侧加腋张拉施工	预应力楼板、梁	摒弃了传统的预应力板上张拉洞口施工工艺，通过在预应力张拉洞口设置预埋件，有效解决了洞口预留钢筋焊接质量难以保障、吊模质量差等问题；大幅度提高了预应力张拉端洞口钢筋的焊接质量，保证了混凝土的观感质量	优点： 1）预埋件设置呈 L 形，L 形埋件材料为 10mm 厚 Q235B 钢板；L 形竖向一侧焊接锚筋锚入结构板，水平一侧挑出 80mm；水平向 80mm 挑出钢板支撑洞口底模；因此省去吊模施工，确保了洞口成形质量； 2）在张拉洞口四周设置预埋件，预埋件充当洞口四周的模板，洞口周圈无须设置施工缝，后期无须剔凿施工缝；确保了施工缝成形质量的同时，大大节省了人力物力； 3）在洞口周边设置洞口加强钢筋，板筋在洞口四周断开，张拉端洞口无须预留钢筋，省去预留钢筋焊接环节；确保了钢筋质量，同时节省大量劳动力； 4）洞口底模采用压型钢板，无须拆模，避免吊模成形质量差		青岛新机场

3.2.4　钢结构工程

钢结构工程施工技术选型见表 3.2.4-1。

钢结构工程施工技术选型　　　　表 3.2.4-1

序号	方案名称	适用条件	技术特点	高效建造优缺点	工期和成本	工程案例
1	整体提升施工技术	桁架结构、网架结构、连廊	整体结构进行地面拼装,采用液压同步提升系统对结构进行整体同步提升,提升就位后安装次杆件	提升施工,自动化程度高,通过设备的扩展组合,提升质量、跨度、面积不受限制,不仅能够有效保证高空安装精度,减少高空作业量,而且吊装过程动荷载极小,安全性好,能够有效缩短工期。提升部分的地面拼装、整体提升可与其余部分平行作业,充分利用了现场施工作业面,有利于总体工程施工组织。 液压提升设备设施体积、质量较小,机动能力强,倒运和安装、拆除方便	减少拼装及支撑所需胎架等措施用量;减少吊装机械用量以及对其他专业的施工影响和干扰,减少高空作业和焊接,保证拼装精度和施工作业安全,缩短整体施工工期	济南遥墙机场北指廊工程
2	整体顶升施工技术	桁架结构、网架结构	整体结构进行地面拼装,采用液压顶升架系统(包含架体、上托架、下托架和托杠)同步顶升,顶升就位后安装次杆件	1)优点与提升施工技术相似,安全性好,成本低,可以有效缩短工期,但较提升法速度相对慢; 2)顶升法过程中可以安装结构附属构件,适用于不同高度需进行多次拼装等要求的网架安装	减少拼装及支撑所需胎架等措施用量;减少吊装机械用量以及对其他专业的施工影响和干扰,减少高空作业和焊接,保证拼装精度和施工作业安全,缩短整体施工工期	暂无机场项目应用
3	累积滑移施工技术	桁架结构、网架结构	根据混凝土和桁架、网架结构特点,设置埋件,设置滑移轨道;以滑靴为基准点设置发射状滑移撑杆,与网架形成超静定结构受力体系;根据土建结构的特点,在一侧搭设可调节的装配式钢操作平台,从而合理划分滑移单元	1)采用累积滑移施工技术,将高空施工作业调整为低空组装高空滑移拼接,安全性高,大大提高施工效率和质量,节约工期,降低成本,同时对其余作业面影响小,利于总体施工组织; 2)不受场地限制,吊装机械选型布置更加灵活,另外可设置滑移胎架,以应对桁架下部结构存在高低差等不利于设置滑移轨道的情况	累积滑移法减少大型吊装设备的使用及对其他专业的施工影响,避免了大部分高空吊装和焊接,保证拼装精度和施工作业安全,可大幅缩短工期	暂无机场项目应用

续表

序号	方案名称	适用条件	技术特点	高效建造优缺点	工期和成本	工程案例
4	超大异形拱脚施工技术	超大异形拱脚、柱脚结构	根据结构特点合理分块分片，设计定位板进行地脚螺栓定位，布置地脚定位支架，安装抗剪键确保混凝土浇筑的结合度，进行第一次混凝土浇筑，待混凝土达到设计要求强度后安装拱脚，进行内灌混凝土及外包混凝土施工	采用超大异形拱脚施工技术，合理分片，便于加工及运输，有效保证构件稳定性及安全性，现场焊缝设置在受力较弱区域，减少现场焊接量及焊接变形影响	超大异形拱脚施工技术通过合理分片，减少大型吊装机械的使用，设置抗剪键避免结构变形，减少辅助措施的使用，节省成本，缩短施工工期	桂林两江国际机场
5	格构柱支撑体系应用技术	各类安装高度的钢桁架、钢网架结构	重型格构柱支撑，由上下底座、桁架单元、活动横杆、活动斜杆和销轴组成，其中上下底座和桁架片状单元通过销轴进行连接，桁架单元中的肢杆和缀条之间为焊接连接。格构柱支撑尺寸是1.5m×1.5m，标准长度为4m和6m	1）格构柱支撑体系安拆方便，便于运输，可为后续项目循环使用，能极大程度提高工作效率、降低施工成本、节约用材；2）格构式支撑可根据需要调节长度，适用范围广	较传统支撑，安拆方便、便于运输、绿色可循环，降低施工成本，作为提升、滑移等施工技术的配套使用，大大缩短工期	桂林两江国际机场、济南遥墙北指廊工程、拉萨贡嘎机场T3航站楼
6	弯曲圆管钢桁架结构数字化检测与装配技术	桁架结构	对管桁架模块高空吊装的施工进行仿真模拟，并对钢罩棚分区卸荷及合龙进行数字化检测，通过计算机辅助桁架模块三维建模，对桁架结构单元进行三维扫描并形成点云模型，与计算机放样桁架模型进行对比，复核其合理性	1）可以解决结构高度高、跨度大导致的预拼装精度控制要求高、场地及设备要求高的难题；2）完成部分构件的数字化预拼装，调节灵活，操作简便，针对性强，减少反复调整的工作量，保证工期；3）施工技术合理、先进，施工工艺成熟可靠	在管桁架施工中有效节省了工期和成本，具有良好的技术和经济效益	

序号	方案名称	适用条件	技术特点	高效建造优缺点	工期和成本	工程案例
7	钢结构安装应力应变检测技术			优点： 在施工过程中，能够对结构重要部位进行实时检测，保证施工过程的安全性，并且此检测与施工过程并进，对工期无影响		青岛新机场
8	双拼型钢混凝土转换梁施工技术			优点： 采用 Tekla 钢结构建模软件，建立复杂形体的三维可视化模型，指导下料。 借助于 BIM 模型，在以往对超大、超宽双拼组合型钢分段划分的基础上，创造性地提出增设辅助补强板的做法，有效解决了超宽型钢的长距离运输、分段安装定位难度大、临时加固措施投入大的问题		青岛新机场
9	大跨度空间网架钢结构双向旋转提升施工技术			优点： 1）将网架合理划分为若干提升单元，分块累计安装就位。采取双向旋转放样进行网架整体卧拼，降低了网架拼装高度，在保证网架拼装整体质量的同时，减少了高空拼装地面辅助材料的投入和高空作业施工的难度，加快拼装进程，为钢网架结构整体施工增值； 2）对网架旋转提升点进行三维放样，通过比对旋转前后网架杆件的空间位置确定提升支架。确保各提升点支反力受力均衡，提升过程安全、可靠，保证了网架提升过程中结构自身受力均衡、变形可控，减少后续网架高空嵌补； 3）通过结构提升全过程仿真模拟分析，选取提升基点，分析提升钢绞线长度变化规律，制定提升控制策略。利用计算机液体同步提升技术中的力学传感器和行程传感保证网架提升过程中的均衡受力与精确就位		青岛新机场

3.2.5　屋面工程

屋面工程施工技术选型见表3.2.5-1。

屋面工程施工技术选型　　　　　　　　　表3.2.5-1

序号	方案名称	适用条件	技术特点	高效建造优缺点	工期和成本	工程案例
1	金属屋面施工技术	屋面	采用超纯铁素体445J2新材料，连续焊接金属屋面板及连续焊接的金属屋面系统，超纯铁素体不锈钢连续焊接金属屋面施工方法	优点： 1）采用超纯铁素体445J2新材料，这种面板材料强度高、防腐性能优异、加工造型能力好、焊接性能优异、热膨胀系数小，有利于控制热胀冷缩； 2）通过研发一种连续焊接金属屋面板及连续焊接的金属屋面系统，对不锈钢屋面系统的望板支撑系统进行优化，采用支撑强度更高、耐久性更好、完全不燃的1.0mm厚YX51—250—750压型钢板上铺1.2mm厚平钢板作为焊接不锈钢面板的支撑层，既满足规范对防火的要求，又能节约檩条用钢量，在提高了屋面系统的结构安全性的同时降低了造价；不锈钢连续焊接屋面是将屋面板与固定座通过自动焊机熔合封闭，板与固定座形成一个整体，受力及力的传递明确；焊缝耐久性与不锈钢板耐久性能保持一致，实现100%防水功能，防水原理为结构性阻水，无最小坡度限制；固定座与钢底板之间采用2颗自攻钉和1颗拉铆钉固定，固定座间距300~600mm，两种紧固件的综合使用，可以有效增加抵抗横向剪力及纵向拉力的能力，提高屋面板的抗风能力； 3）研发了超纯铁素体不锈钢连续焊接金属屋面施工方法，引进焊接性能稳定、操作简便、易携带的超频电阻焊设备，包含自动行走焊接设备、手持节点焊机、电焊机等，配备冷却机，解决了连续焊接金属屋面的设备问题	单层不锈钢屋面板系统造价约为350元/m²，单层铝合金屋面板系统造价约为280元/m²，不锈钢单方造价高于铝合金屋面，但由于使用时间比铝合金屋面长，所以年化造价低于铝合金屋面，不锈钢年化成本为1.36元/（m²·年），铝合金板年化成本为3.8元/（m²·年），屋面总面积为22.3万m²，因此应用本技术的经济效益为2720.06万元	青岛新机场
2	智能天窗施工技术	天窗、外窗	智能天窗系统采用一体智能控制系统，可实现程序化控制，设置定时开关，并可控制窗体开启角度。可进行任意分组控制，便于对不同位置功能区域的通风控制	优点： 工厂预制加工，所有关键组件均在受控环境中制造、测试和集成，并且工厂预先装配，完全突破了常规繁杂的安装程序，保证产品完美的品质。 现场吊装模块化安装，组件精密设计，确保完美结合与快速组装，保证整个系统的一致性。安装完一组窗户后，再安装室内窗之间的装饰板。 配件、收口安装：安装相应配件、窗四周保温、窗四周排水系统、内位置收口处理时，物理防水防排结合，安装过程不打胶		青岛新机场

3.2.6　非承重墙工程

非承重墙工程施工技术选型见表 3.2.6-1。

非承重墙工程施工技术选型

表 3.2.6-1

序号	名称	技术特点	高效建造优缺点	工期和成本	案例
1	蒸压加气混凝土砌块墙	适用于各类建筑地面（±0.000）以上的内外填充墙和地面以下的内填充墙	1）湿作业施工； 2）可以生产各种规格，可锯、刨、钻； 3）体积比较大，施工速度也较为快捷； 4）部分区域蒸压砂加气混凝土砌块可代替部分外墙保温	泥瓦工平均每人每天可施工 3m³，按 200mm 墙厚，每人每天施工 15m²	青岛新机场
2	轻质隔墙	第三代环保节能隔墙板；具有质量轻、强度高、多重环保、保温隔热、隔声、呼吸调湿、防火、快速施工、降低墙体成本等优点。 通常分为 GRC 轻质隔墙板（玻璃纤维增强水泥）、GM 板（硅镁板）、陶粒板、石膏板	1）干作业、装配式施工； 2）施工时运输简捷、堆放卫生，无须砂浆抹灰，大大缩短了工期； 3）材料损耗率低，减少了建筑垃圾	一般 3 人一组，按常用的 120mm 墙厚，每个小组每天可施工 30~50m²（施工速度与工作面条件关系较大，在大面墙体施工情况下优势明显）	青岛新机场
3	轻钢龙骨石膏板墙	轻钢龙骨石膏板适用于轻量化要求高的建筑，一般可以用于会议室，经常用水的房间可采用防水板材，需要注重防火的空间也可选用防火板材。轻钢龙骨石膏板具有质量轻、强度较高、耐火性好、通用性强且安装简易的特性，有适应防震、防尘、隔声、吸声、恒温等功效，同时还具有工期短、施工简便、不易变形等优点	1）安全，施工方便、快捷、灵活性高，可任意划分空间，利于后期拆改重新装修等； 2）质量轻、强度高，石膏板的厚度一般为 9.5~15mm，每平方米自重只有 6~12kg。用两张纸面石膏板覆在轻钢龙骨上就可形成很好的隔墙效果； 3）装饰效果好。石膏板墙面造型多样，装饰方便。其面层可兼容多种面层装饰材料，满足绝大部分建筑物使用功能的装饰要求	一般 2 人一组，按常用的 125mm 墙厚，每个小组每天可施工 30~50m²（施工速度主要取决于墙体高度、长度、阴阳角数量，大面积施工速度快、效率高、成活质量好）	昆明长水国际机场

3.2.7　幕墙工程

幕墙工程施工技术选型见表 3.2.7-1、表 3.2.7-2。

幕墙工程施工技术选型 A　　　　　　　　　表 3.2.7-1

序号	名称	高效建造优缺点	工期和成本	案例
1	明框玻璃幕墙	明框玻璃幕墙是金属框架构件显露在外表面的玻璃幕墙。它以特殊断面的铝合金型材为框架，玻璃面板全部嵌入型材的凹槽内。其特点在于铝合金型材本身兼有骨架结构和固定玻璃的双重作用。明框玻璃幕墙是传统的形式，应用最广泛，工作性能可靠	打胶量小，温度变化对工期影响较小；成本在 600～1000 元不等	昆明长水国际机场，桂林两江国际机场
2	半隐框玻璃幕墙	半隐框玻璃幕墙分横隐竖不隐或竖隐横不隐两种。不论哪种半隐框幕墙，均为一边用结构胶粘结成玻璃装配组件，而另一对应边采用铝合金镶嵌槽玻璃装配的方法。玻璃所受各种荷载，有一边用结构胶传给铝合金框架，而另一对应边由铝合金型材镶嵌槽传给铝合金框架	打胶量中等，温度变化对工期影响较大；温度 5℃以下打胶工作较难开展；成本在 600～1000 元不等	昆明长水国际机场，桂林两江国际机场
3	开槽式干挂石材幕墙	通过专业的开槽设备，在石材棱边精确加工成一条凹槽，将挂件扣入槽中，通过连接件将瓷板固定在龙骨上	现场施工速度快，对龙骨施工精度要求不高；成本在 500～800 元不等	昆明长水国际机场，桂林两江国际机场
4	背栓式干挂石材幕墙	通过专业的开孔设备，在瓷板背面精确加工里面大、外面小的锥形圆孔，把锚栓植入孔中，拧入螺杆，使锚栓底部完全展开，与锥形孔相吻合，形成一个无应力的凸形结合，通过连接件将石材固定在龙骨上	在石材工厂加工，现场安装速度一般，对龙骨施工精度要求高；成本在 600～900 元不等	昆明长水国际机场，桂林两江国际机场
5	铝板幕墙	铝板幕墙在金属幕墙中占主导地位，轻量化的材质，减少建筑的负荷，为高层建筑提供了良好的选择条件；防水、防污、防腐蚀性能优良；加工、运输、安装施工等比较容易实施；色彩的多样性及可以组合加工成不同的外观形状；较高的性能价格比，易于维护，使用寿命长	安装速度快，材料加工周期较短；成本在 550～800 元不等	昆明长水国际机场，桂林两江国际机场

注：1）深化设计必须提前，在进行幕墙深化设计之前，协助专业分包单位提供与之有关的基础条件，深化设计完成节点不得影响预留预埋工作；

2）深化设计工作需联合多家专业和单位，如钢结构、精装修、金属屋面、屋面虹吸排水等，防止不同专业存在冲突，影响工期；

3）审核合格的深化设计图纸，交发包方/监理单位/设计单位审批，并按照反馈回来的审批意见，责成幕墙分包单位进行设计修改，直至审批合格；

4）幕墙招标时，附带提供土建结构施工进度计划及外脚手架搭拆时间安排，作为投标单位编制幕墙施工进度计划和安排脚手架的参考依据；充分考虑机械设备搭配脚手架、吊篮、曲臂车的使用；

5）幕墙单位进场时，需提交幕墙深化设计详图（包括加工图），以便玻璃及金属幕墙能提前加工；

6）土建施工时，幕墙单位需根据图纸安装幕墙预埋件，确保不影响主体结构施工进度。

幕墙工程施工技术选型 B　　　　　　　　　　表 3.2.7-2

序号	名称	适用条件	技术特点	高效建造优缺点	工期和成本	工程案例
1	三维扫描机器人+BIM 异形测量及精准下单	超高大外挑檐、弧形球网架	三维扫描+BIM	优点：采用无棱镜全站仪测量结构表面点数据，再通过一系列程序由点数据构建成曲面模型，得到数字化 CAD 模型后继而进行后续的材料下单及施工安装指导。取代了传统的手工测量实物尺寸，改以精确的三维测量资料提供模型重建的基准，进而构建曲面模型，此技术已经大量且深入地应用在工程实例中，避免返工的可能性，大大提高了材料下单速度及安装精度，加快了工程进度。 缺点：曲面模型建立耗时耗力，材料下单实现曲面的优化分隔，并且要消除球结构数据偏差对尺寸的影响，还要导出施工特征点三维坐标数据及装饰材料数据，整体环环相扣，完成材料下单较为复杂	可以大大缩短施工周期，提高下单精准率，便于现场快速精准施工，降低整体成本	湛江机场航站楼迁建工程
2	胎具钢构架组装方法	鱼腹桁架	胎具保证向心度	优点：结合设计对钢构件的提料图纸加工尺寸，保证所有鱼腹桁架的向心度一致的装饰效果，制作高精度定位钢构架组装胎具以确保分格尺寸偏差控制在 2mm 公差范围内	高精度，鱼腹桁架的向心度一致	湛江机场航站楼迁建工程
3	单支钢横梁与单元式钢构架组合吊装	钢网架安装	组合结构+人工机械吊装	优点：将单支钢横梁与单片单元式钢构架组合，在顶端捆扎吊带，底部耳板孔内系缆风绳，使用汽车起重机+电动葫芦共同吊装，确保起吊过程单片单元式钢构架不摇晃。扶持单片单元式钢构架下端耳板与已安装的底耳板插接就位，穿上销轴固定，登高车上人员负责焊接，达到快速安装的目的	安装方便，施工周期短	湛江机场航站楼迁建工程
4	简易钢丝悬挂吊篮快速施工技术	吊篮安装	简易结构+快速安装	优点：屋面钢结构悬挑钢梁计算得到钢梁架吊篮受力满足要求，选择钢丝绳悬挂式吊篮，钢丝绳悬挂吊篮结构比较简易，搭设也很节约场地与时间，可以达到快速施工的效果	安拆方便，节约工时	杭州萧山国际机场三期项目新建航站楼及陆侧交通中心工程旅客航站楼及北三指廊工程
5	幕墙外装饰格栅线条快速施工技术	外装饰线条安装	图纸优化	优点：格栅采用一体磨具，使每一跨格栅精确定位在拉杆上，接头处理方便，从而实现快速准确施工	安装方便，施工周期短	杭州萧山国际机场三期项目新建航站楼及陆侧交通中心工程旅客航站楼及北三指廊工程

序号	名称	适用条件	技术特点	高效建造优缺点	工期和成本	工程案例
6	檐口金属幕墙龙骨快速施工技术	檐口金属骨架安装	组合结构+快速安装	优点：幕墙檐口龙骨施工采用先组装再安装的技术，即龙骨骨架先在地面焊接组装完成后，再采用汽车起重机整体吊运至安装处施工，可大大节约工时和降低施工难度，实现快速高效施工	安装方便，施工周期短	杭州萧山国际机场三期项目新建航站楼及陆侧交通中心工程旅客航站楼及北三指廊工程

注：1）深化设计必须提前，在进行幕墙深化设计之前，协助专业分包单位提供与之有关的基础条件，使其在设计时考虑周全，避免设计缺陷。深化设计完成节点不得影响预留预埋工作；

2）深化设计工作需联合多家专业和单位，如钢结构、精装修、金属屋面、屋面虹吸排水等，防止不同专业存在冲突，影响工期；

3）审核合格的深化设计图纸，交发包方/监理单位/设计单位审批，并按照反馈回来的审批意见，责成幕墙分包单位进行设计修改，直至审批合格；

4）幕墙招标时，附带提供土建结构施工进度计划及外脚手架搭拆时间安排，作为投标单位编制幕墙施工进度计划和安排脚手架的参考依据；充分考虑机械设备搭配脚手架、吊篮、曲臂车的使用；

5）幕墙单位进场时，需提交幕墙深化设计详图（包括加工图），以便玻璃及金属幕墙能提前加工；

6）土建施工时，幕墙单位需根据图纸安装幕墙预埋件，确保不影响主体结构施工进度。

3.2.8　机电工程

3.2.8.1　非金属复合风管应用

非金属复合风管应用选型见表3.2.8-1。

非金属复合风管应用选型　　　　　　　　　　表3.2.8-1

序号	材质名称	适用条件	技术特点	高效建造优缺点	工期和成本	工程案例
1	机制玻镁复合风管	防排烟系统风管	风管板材+铝合金插条连接	优点：防排烟风管无需二次保温，简化工序；干冷和潮湿天气性能稳固，不受凝结水珠和潮湿空气的影响，耐久性高，使用寿命长；复合风管内部蜂窝状结构有一定的消声性能；机场明装弧形区域风管观感好。缺点：专业交叉施工易造成成品破坏；材料验收要求高，质量较差的玻镁板容易返卤；异形件制作工艺要求高，漏风量控制较难；易碎，不能碰撞，污染后风管难清理	施工快，成本比镀锌钢板低	青岛机场
2	单面彩钢板酚醛复合风管	非消防及空调风管	风管板材+PVC/断桥铝插条连接	优点：空调系统无需二次保温，现场制作方便快捷，简化施工工序，对吊装要求低，施工效率高，施工周期短；密封好，质量轻，空调输送空气品质好；外彩钢板整洁美观，观感质量优于铁皮风管+保温。	施工快，成本比镀锌钢板低	青岛机场

续表

序号	材质名称	适用条件	技术特点	高效建造优缺点	工期和成本	工程案例
2	单面彩钢板酚醛复合风管	非消防及空调风管	风管板材+PVC/断桥铝插条连接	缺点：风管质轻，非刚性材质，易造成成品破坏；复合材料材质验收要求高；施工技术要求高，中间保温层在施工中应注意保护不应外露，否则易起尘、掉落；不能用于洁净空调系统、酸碱空调系统	施工快，成本比镀锌钢板低	青岛机场
3	金属风管+保温	通风及空调系统	风管板材+共板/角钢法兰连接+二次保温	优点：风管可采用自动化生产线批量生产，减少人工投入，风管内壁光滑、阻力小、气密性好，承压强度高。 缺点：风管需要外保温施工，潮湿环境镀锌层易腐蚀，外保温易脱落，无消声性能，需要加装消声器，热系数大，安装效率低，人工成本高	施工慢，镀锌钢板+保温成本比非金属复合风管高	青岛机场

3.2.8.2　弧形管道制作工艺

弧形管道制作工艺选型见表 3.2.8-2。

弧形管道制作工艺选型　　　　　　　　　　表 3.2.8-2

序号	工艺名称	适用条件	技术特点	高效建造优缺点	工期和成本	工程案例
1	机械制弧	给水、消防及喷淋、空调水系统	制弧机制作弧形管道	优点：管道成形质量可控，可机械化批量生产。管道安装整体弧度均匀，与建筑造型相匹配，成排管线观感好。 缺点：只适用于钢管材质，并且钢管表面油漆或镀锌层有一定程度破坏，需二次修复	施工快，成本较高	青岛机场
2	人工摵弯	给水、消防及喷淋、空调水系统	人工摵弯制作弧形管道	优点：适用所有管材，初投入低，管道面层破坏小，二次修复量小。 缺点：管道成形质量及管道弧度误差不可控，人工投入大	施工慢，成本高	青岛机场
3	直管段分解+小弧度管件拼接	给水、消防及喷淋系统	折线管段拼凑+管件卡箍连接	优点：管道无需二次预制加工，操作简单。 缺点：折线管道安装效果不美观，管件使用量大，增加漏水隐患	施工较慢，成本比人工摵弯低	青岛机场
4	直管段切割分解	空调水系统（焊接工艺管道）	直管段切割+小角度摵弯焊接	优点：管道切割并作小角度焊接，工艺简单，管壁无伸张，后期运行无安全隐患。 缺点：管道切割、焊接作业量大	施工较慢，成本比人工摵弯低	青岛机场

3.2.8.3 焊接机器人应用

焊接机器人与人工焊接对比见表 3.2.8-3。

焊接机器人与人工焊接对比

表 3.2.8-3

序号	工艺名称	适用条件	技术特点	高效建造优缺点	工期和成本	工程案例
1	焊接机器人	足够的操作空间	自动识别与传感+信息采集处理+自动控制+焊接工艺	优点：节约人工，生产效率高，焊接质量好、稳定性强；作业环境要求低，施工安全；可持续作业。 缺点：设备投入大，操作空间有要求，机器人编程耗时，不易形成流水作业	施工快，机械成本高	
2	人工焊接	非有害环境	人工+焊机	优点：操作空间受限少，人工焊接更灵活，焊接可随时调整。 缺点：焊接质量不可控，焊接产生对人体有害的电弧光和烟气，效率低	施工慢，人工成本高	

3.2.8.4 给水系统管道材质选型

给水排水管道材质选型见表 3.2.8-4。

给水排水管道材质选型

表 3.2.8-4

序号	材质名称	适用条件	技术特点	高效建造优缺点	工期和成本	工程案例
1	衬塑复合钢管	给水系统	衬塑复合钢管+卡箍连接	优点：强度高、管内不易结垢、耐腐蚀、内壁光滑、不易滋生微生物，卡箍连接工艺简单，安装效率高，免焊无污染，维护方便。 缺点：安装难度大，卡箍用量大，支架设置多，成本高	施工慢，成本低	
2	不锈钢水管		不锈钢管+不锈钢管件卡压连接	优点：耐腐蚀性强，管内壁光滑且质量轻，节约材料，施工方便。 缺点：管壁薄，卡压要求高，管件损耗大，价格高，维护拆卸难	施工较快，成本高	
3	AGR 给水管		AGR 给水管+管件粘结	优点：刚性好，耐腐蚀，寿命长，抗震性能好，工艺简单，管材管件粘结强度高，安装方便快捷，环保。 缺点：专用胶粘结，不耐高压	施工快，成本较高	

3.2.8.5 机电装配式机房模块化施工技术

机电装配式机房模块化施工技术选型见表 3.2.8-5。

机电装配式机房模块化施工技术选型　　　　表 3.2.8-5

序号	工艺名称	适用条件	技术特点	高效建造优缺点	工期和成本	工程案例
1	装配式机房模块化安装	工期紧，制冷换热机房或能源中心	BIM+工厂化预装配式安装	优点：工厂预制模块质量高、现场组装效率高、人工消耗少、电焊使用少、不动火、材料损耗少、节约现场加工场地、缩短施工工期，符合绿色建造要求。 缺点：模块及机械加工精度的装配图耗时长，前期现场测量精度要求高，模块单元体积大、运输困难，不可变更	施工快，成本高	
2	机房传统工艺安装	工期长	现场制作加工＋安装	优点：可大面积展开，管道安装不受吊装顺序限制；局部安装错误不影响其他部位施工。 缺点：大量动火，人工耗量大、废料多，材料损耗大，返工多，效率低，现场制作加工，质量不统一	施工慢，成本较高	

3.2.9　智能化工程

（1）弱电线缆穿线规划方案见表 3.2.9-1。

弱电线缆穿线规划方案　　　　表 3.2.9-1

序号	材料名称	适用条件	技术特点	高效建造优缺点	工期和成本	工程案例
1	弱电线缆	线缆敷设	通过精细算量＋规划配比提高弱电线缆穿线效率	优点： 1）综合布线、视频监控系统的网线敷设通过将各点位进行编号，根据已编号的综合布线、视频监控平面图、桥架排布图、弱电间大样图、建筑结构图等确定所需线缆的水平、竖直长度以及相关预留长度，能够将各点位进行精细化算量； 2）六类非屏蔽双绞线标准规格为305m，光纤1000m，通过凑整规划，将要整合的区域用不同颜色在表格中标注，穿线时严格按照此规定进行施工，能够有效提高穿线效率； 3）其他弱电系统诸如门禁、楼控、入侵系统同理，按照综合计算后由远及近的顺序，依次进行线缆敷设。 缺点：对前期计算精度要求较高	施工快，成本比未经规划时低	青岛新机场

（2）设备预安装见表 3.2.9-2。

设备预安装 表 3.2.9-2

序号	材料名称	适用条件	技术特点	高效建造优缺点	工期和成本	工程案例
1	DDC箱体、DDC箱体配件	设备安装	在需要实际定制的设备，如需提前配盘的DDC箱体，提前进行配盘安装	优点：由于DDC箱体内的接线端子、DDC模块、变压器等设备进场后安装存在工人技术不达标造成的排布不合理、走线混乱等问题，严重影响后期施工进度及质量，在DDC箱体进场前进行箱体的配盘，提高工作效率。 缺点：对前期的输入、输出点数需有精准计算，若前期有疏漏则存在点位不足造成的箱体内空间不足、不能继续增配等问题	施工快，成本比未经规划时低	青岛新机场

（3）系统模拟调试见表3.2.9-3。

系统模拟调试 表 3.2.9-3

序号	材料名称	适用条件	技术特点	高效建造优缺点	工期和成本	工程案例
1	交换机调试电脑工作站服务器	系统调试	在系统正式调试之前，先将系统软件架构搭设及点位录入制作完成，再制作成镜像文件拷入各系统工作站	优点： 1）在楼层接入交换机安装于弱电间之前，首先进行各交换机的系统软件配置，避免了去各弱电间单独调试引起的工期延长。 2）在调试电脑中进行各系统的软件架构搭建以及前端点位、后端管理设备的所有信息的录入工作。待相关信息录入完成后，刻录成镜像光盘，等系统进入调试阶段时将镜像光盘内的内容拷贝至各系统工作站及服务器中，减少了大量后期调试时间，缩短了工期。 缺点：需做好前期各系统点位信息规划	施工快，成本比未经规划时低	青岛新机场

（4）弱电井机柜及设备的预装配技术见表3.2.9-4。

弱电井机柜及设备的预装配技术 表 3.2.9-4

序号	材料名称	适用条件	技术特点	高效建造优缺点	工期和成本	工程案例
1	弱电机柜、光纤配线架、理线架、数据配线架、交换机、PDU	机柜安装	在弱电间机柜现场安装前，首先将机柜内的各类配件、设备排布安装，进场后直接将机柜安装于相应位置即可	优点： 1）前期进行安装施工，大量节省后期现场的安装时间。 2）机柜内设备由专业厂家进行安装，相较于现场工人操作，安装质量及美观度显著提高。 缺点：前期机柜排布需精确，若计算失误可能导致机柜内设备位置全部重新排布，甚至导致机柜空间不足	施工快，成本比未经规划时低	青岛新机场

（5）智能化前期策划对其他专业的前期提资要求。

智能化专业与机电专业交叉较多，尤其是机场项目，机电专业系统多而杂，且都有与智能化系统集成、联动的相关要求。对各专业的提资要提前策划，以免耽误工期。

具体要求见表3.2.9-5。

智能化前期策划对其他专业的前期提资要求 表3.2.9-5

序号	智能化系统	针对专业系统	内容	图示
1	建筑设备监控系统	机电专业	针对空调风机、水泵接入楼控系统所要求的手/自动状态、运行状态、故障报警、启停控制、变频控制等不同接口要求，对机电专业提出相关配电箱的二次原理图的接线要求	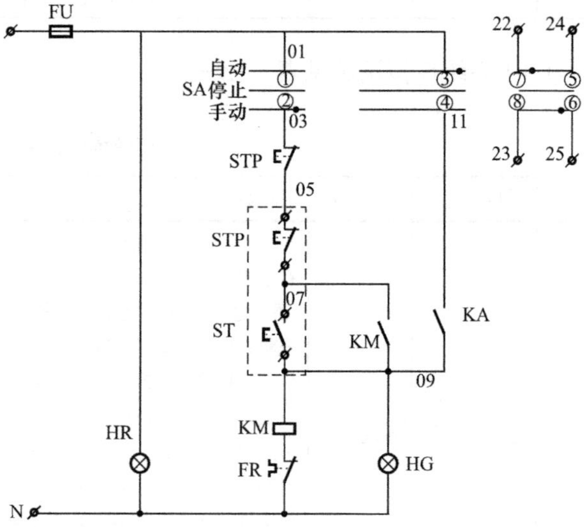 非变频风机二次原理图 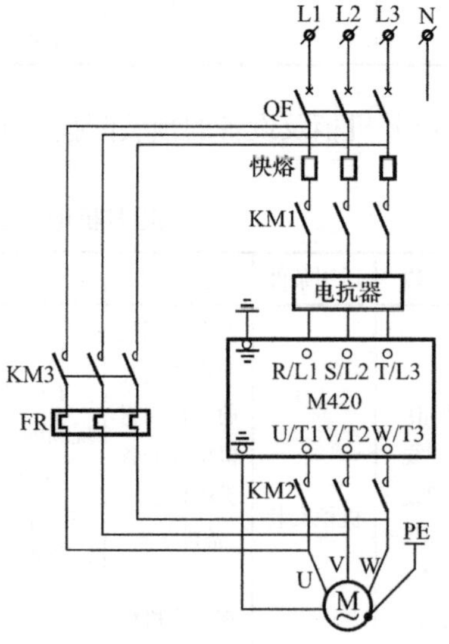 非变频水泵二次原理图

续表

序号	智能化系统	针对专业系统	内容	图示
2	建筑设备监控系统	机电专业	针对机电专业的变配电系统、冷热源系统、电梯系统、智能照明系统、场馆照明系统等需集成进楼控的系统，提前向厂家提出通信接口的要求，须确定接口协议（例如 BACnet，MODBUS 等），确定通信方式（例如 TCP/IP、485 等），需提供完整的地址对应表，及通信参数（例如波特率、数据位、有无校验等）。具体协议根据相关厂家而定，且无偿向楼宇自控集成方开放	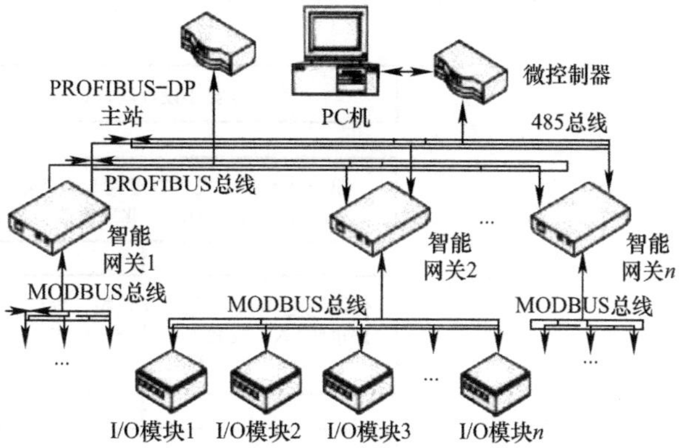 BACnet 协议通信架构 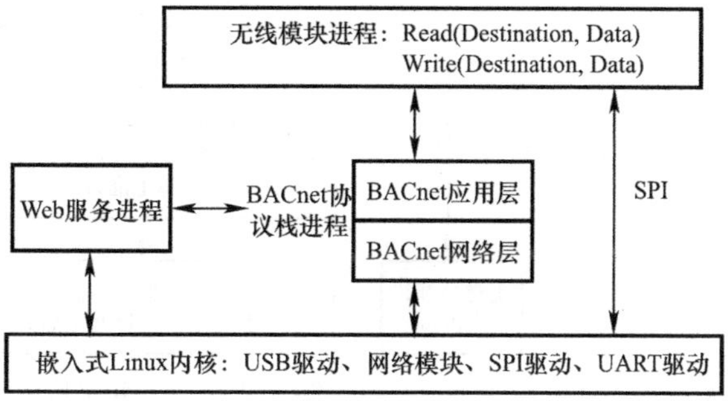 MODBUS 协议通信架构
3	建筑设备监控系统	机电专业	针对空调机组和新风机的电动调节阀及风阀，新风机和空调机组的新风阀、回风阀和排风阀的风阀转动轴直径应预留不小于 10mm，并超出阀体长度应大于 100mm，预留给 BA 的电动风阀执行器安装使用。对于冷热源系统的冷冻蝶阀、冷却蝶阀及电动转换蝶阀、切换蝶阀需要配相关的电控箱（包括手、自动转换开关）；冷机的冷冻阀和冷却阀需要缓慢型蝶阀，并需要配相关的电控箱。在电控箱设置楼宇自控所需要的 BA 接点	
4	智能化集成系统	智能化其他系统	确认品牌阶段，就要把所需集成系统的相关要求在招标清单中明确，例如视频监控、出入口控制、入侵报警、停车场管理、公共信息发布等要求集成系统需提供开放协议接口及相应开发包	
5	出入口控制、广播、停车场管理等系统	消防系统	智能化各系统中的出入口控制、广播、停车场管理等系统都需要与消防系统进行联动，在设备消防品牌设备招标前就要明确消防信号能否接入以及接入方式	

3.2.10 装饰装修工程

3.2.10.1 精装修设计方案流程图

精装修设计方案流程见图 3.2.10-1。

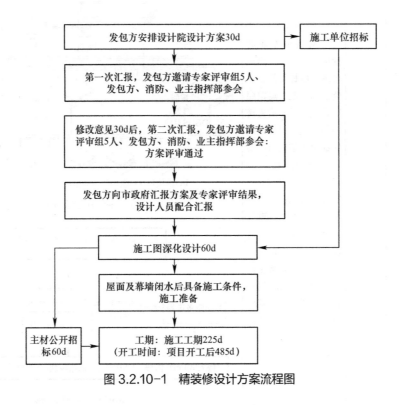

图 3.2.10-1 精装修设计方案流程图

3.2.10.2 装饰装修工程关键技术

装饰装修工程关键技术见表 3.2.10-1。

3.2.10.3 精装修区域划分

精装修区域划分见表 3.2.10-2。

3.2.11 场道工程施工技术

3.2.11.1 地基处理工程施工技术选型

地基处理工程施工技术选型见表 3.2.11-1。

3.2.11.2 基层工程施工技术选型

基层工程施工技术选型见表 3.2.11-2。

装饰装修工程关键技术

表 3.2.10-1

序号	名称	适用条件	技术特点	高效建造优缺点	工期和成本	工程案例
1	橡胶楼面	达到廊桥等室内公共区地面	找平层上胶粘剂粘铺橡胶铺地板，打上光蜡	橡胶地板是上天然橡胶、合成橡胶和其他高分子材料所制成的地板。优点：环保、防滑、耐磨、耐酸碱、耐高温、吸声、抗静电。安装维护简单。缺点：价格高昂，浸泡水中有翘边，清理要专业，价格高。对要施工的地面平整度、硬度、强度要有相应要求。安装方法对要严格，如果施工方法不对会出现气泡。	施工快、成本高	昆明长水国际机场T1航站楼、昆明长水国际机场S1卫星厅
2	地毯楼面	出发候机厅等室内公共区地面	水泥砂浆抹面层上加橡胶海绵地毯衬垫，上铺地毯	优点：地毯吸水性强，安全性好，不易滑倒，跌倒时不易受伤，旅客步行感觉好。施工速度快。缺点：比其他地面材料耐久性差，容易脏，脏污容易渗到内部，清洗后容易收缩，燃烧时易产生有毒气体。施工对基层面层平整、湿度要求比较高	施工快、成本高	昆明长水国际机场T1航站楼、昆明长水国际机场S1卫星厅
3	铝板墙面	旅客公共空间墙面	饰面板+铝方管龙骨	优点：按工程现场设计的尺寸，形状和构造形式经过数控折弯等技术成形，在工厂内通过精加工作业进行生产，满足装饰。表面转印木纹或粘贴缴布等，其设计等效果；质量观感效果较好，后期运营易维护。缺点：局部破坏、划痕不易修复，需整块更换	施工快、成本比现场做木基层板+油漆成本低	昆明长水国际机场T1航站楼
4	绿植及绿植仿真墙面	地下站台公共空间	绿植+槽钢架、防水钢板及钢架架贴种植配套绿植盆栽专用挂件	优点：安装模块灵活，适合不同墙面环境，可以拼接不同图形的植物墙；不需要再在墙面做防水处理，适合室内安装。基本上不会出现腐蚀墙面的情况；使用寿命比布袋要长。缺点：需要提前安装龙骨，耗费人力成本较大，施工难度不小，后期由于盆栽模块费用较高，特别是龙骨，造成后期维护费用高	施工难度大，成本高	昆明长水国际机场S1卫星厅
5	薄石材墙面	公共区卫生间、淋浴室、母婴室、无障碍卫生间	石材饰面层满涂防污剂+DTA砂浆粘结，DTG砂浆勾缝	优点：不泛碱、美观、安全，粘结牢固。板强的使用面积，增大使用面积，从而扩大室内空间，空间小，安全性高，修补性，如单块面板受损，可单块直接更换，修补性好，保持良好的施工环境，降低施工污染，施工速度高。缺点：石材容易被污染，需定期做好清洁，石材价格都比较贵。作为一种比较高端的装修材料，石的材料价格都比较贵	施工快、成本比干挂石材低	昆明长水国际机场S1卫星厅
6	板块面层吊顶	公共空间吊顶	饰面板+轻钢龙骨及配套挂件	优点：复合铝板艺术造型多样，穿孔雕花、花格、纹理、吸声等可塑造性强，模块化、标准化安装程度高，采用轻钢龙骨系统及工厂配套挂件，施工效率高。缺点：铝板造型、非刚性材质，易造成成品破坏	施工快、成本比石膏板高	昆明长水国际机场S1卫星厅

续表

序号	名称	适用条件	技术特点	高效建造优缺点	工期和成本	工程案例
7	条形铝格栅吊顶	到达廊连廊，公共空间吊顶	方管氟碳喷涂铝型材+钢龙骨	优点：高大空间施工作业效率高，施工工序少，层次条理分明，质量条理优先整齐，整体品质高。外表氟碳喷涂铝格格栅具有通风、透气的特点，其线条观感适合规律性排布，不易设计造型。缺点：条形铝格栅型材适合规律性排布，不易设计造型	施工快，成本比板材吊顶低	昆明长水国际机场S1卫星厅
8	墙面定制饰面板	候机厅、中转厅、到达廊、商业区墙面	饰面板+铝方管龙骨	优点：按工程图形设计的尺寸、形状和构造形式经过数铣折弯等技术成形，其表面转印木纹或亚粉线条等，在工厂内通过精加工作业进行生产，吸音、设计效果好；质量观感效果较好，后期运营易维护。缺点：局部破坏，划痕不易修复，需整块更换	施工快，成本比现场做木基层板+油漆成本低	青岛新机场
9	板块面层吊顶	安检厅、旅客过厅、商业区空间吊顶	饰面板+轻钢龙骨及配套挂件	优点：复合铝板艺术造型多样，穿孔雕花、花格、纹理、吸声等可塑造性强，模块化，标准化安装程度高，采用轻钢龙骨系统及工厂配套挂件。缺点：铝材造型，非刚性材质，易造成成品破坏	施工快，成本比石膏板高	青岛新机场
10	条形铝格栅吊顶	候机厅、中转厅、休息厅、屋面下高大、异形空间吊顶	方管氟碳喷涂铝型材+钢龙骨	优点：高大空间施工作业效率高，施工工序少，其线条分明，层次分明，整体品质高。外表氟碳喷涂铝格栅远优观感远优于板材+造型并且后期维修少。缺点：条形铝格栅型材适合规律性排布，不易设计造型	施工快，成本比板材吊顶低	青岛新机场
11	腻子机器人喷涂	非旅客区、行李分拣大厅大空间墙面	拌料机+喷涂机	优点：省人工、省料降低成本；不受地区和环境条件影响。缺点：专业交叉施工易造成成品破坏	施工快，成本比人工小；施工低	青岛新机场
12	钢骨架轻型屋面板	办公区、商业楼板	钢骨架+多层钢筋网片+发泡混凝土	优点：防火、防水、隔声、节能环保；可根据外形、规格定制，建筑工期；安装速度快，施工环节少，大大缩短了施工工期；根据物件等使用要求；缺点：不承重，不可以设置大型设备	绿色施工，节能环保，施工快，损耗小，可塑性大	青岛新机场
13	吊顶定制棱台铝板反光灯槽	机场行李厅、迎宾厅吊顶	棱台铝板+专用龙骨+镀锌钢龙骨	优点：棱台铝板由底面铝板、侧面板组成的棱台非直角相交灯槽形，上部灯槽加工成一体。具有表面光滑一致，不存在拼缝，安装效果好的特点。下单时，根据棱台灯光灯槽形工厂精加工，一次安装成功；棱台各条平直，灯光打开后，装修效果好。缺点：需小心运输和安装，防止变形	一次安装成形，因转角处不存在拼缝，安装效果好，达到设计效果，提升吊顶美感	广西桂林机场

续表

序号	名称	适用条件	技术特点	高效建造优缺点	工期和成本	工程案例
14	大跨度弧形曲面金属板安装施工技术	航站楼出发大厅吊顶、大型钢网架吊顶	主次钢龙骨+三维万向节接件+曲面金属板	优点：应用精准的测量技术和成熟的三维犀牛软件建模技术，精准地计算出吊顶龙骨用量、各类连接件的数量和用量及准确地深化出面层异形铝板的加工图，控制了材料的规格和用量，避免了无谓的材料浪费，节约成本；且安装方便，节约人工，缩短施工工期，降低项目成本的效果。缺点：面层材料尺寸分格大，安装前材料堆放分类需要场地大而空旷	施工方便，施工周期短，节约人工成本	四川宜宾机场
15	墙面穿孔吸声板安装施工技术	机房	38卡式龙骨+50副龙骨	优点：新施工工艺采用38卡式龙骨、50副龙骨两部分代替传统方法，减少龙骨用量，降低人工成本	施工效率高，人工成本低，质量效果好，龙骨成本低	重庆江北机场
16	走廊吊顶转换层施工技术	走道	50热镀锌角钢+38卡式龙骨+铝格栅	优点：从墙面安装角钢转换层反支撑，避免施工过程中其他单位的干扰，也可降低成本，提高施工安全性	施工效率高，交叉作业少，人工成本低	重庆江北机场
17	吊顶吸声浆料喷涂技术	行李分拣大厅	吸声浆料+喷涂技术	优点：适用于吊顶较高，现场条件不满足脚手架搭设的情况，既能保证吊顶吸声和保温的要求，同时也能快速施工，降低施工成本	施工效率高，降低施工成本	重庆江北机场
18	墙面锤击纹/木纹蜂窝铝板	到达廊墙面	蜂窝铝板+角码+钢龙骨	优点：吸声隔声效果好；强度高，版面变形小；厂家加工现场直接拼装，施工速度快；墙面线管、设备安装空间大，线管不剔槽暗敷，便于后期检修；色彩丰富，装饰效果好。缺点：版面宽度受限制，阳极氧化锤击纹蜂窝铝板最大版面1170mm，木纹蜂窝铝板采用贴天然纹的皮饰，长度3m以上需拼接，拼缝纹路不对应且存在色差	安装速度快，施工周期短，维修成本低	天府机场
19	反吊法大吊顶施工工艺	大吊顶	转换层+钢龙骨+面层铝板	优点：在地面进行转换层模块预拼装后整体架进行施工，工人在屋面高处进行吊装，无需搭设脚手架，减少交叉作业占用工作面，使顶棚、地面可同时施工。大缺点：需采用安全网、安全绳等安全措施保证工人安全	施工措施成本低，占用空间少，缩短施工周期	天府机场

精装修区域划分 表 3.2.10-2

区域	部位	设计方案确认
旅客公共区	值机区、候机区、安检区、联检区、到达廊、中转厅、迎宾厅、贵宾区、休息区、旅客过厅、商业区、卫生间、行李提取厅	设计、机场集团
非旅客区	功能用房、业务用房、办公卫生间、淋浴间、走道	设计、机场集团
其他区域	景观区	设计

地基处理工程施工技术选型 表 3.2.11-1

序号	名称	适用条件	高效建造优缺点	工期和成本	案例
1	强夯	1）强夯适用范围广，可用于碎石土、沙土、黏性土、湿陷性黄土及杂填土地基的施工； 2）强夯适用于回填深度较大的高填方区。强夯影响深度通常在4m以上，随着夯击能增大，有效处理深度增加，最大可达10m左右	1）强夯可使土体结构发生显著变化，地基土重新固结，降低土的压缩性，改善其抗液化能力，消除湿陷性等，提高土层的均匀程度，减少将来可能出现的差异沉降； 2）对饱和度高的黏性土，尤其是淤泥质土的地基加固中应慎重对待； 3）采取切实有效的措施控制地基土含水量在合理的范围内施工，对我国南方地下水位较高、多降雨地区，重视施工排水工作，尽量降低地基土的含水量；对于北方地下水位偏低、少降雨地区，在地基土含水量偏低时可考虑向夯坑中加注适量水分，保持地基土接近最佳含水量以取得理想的地基处理效果； 4）由于强夯作业机械设备高度大，对于有净空高度要求的不停航施工项目，有一定限制，应通过计算确保满足机场运营要求	施工速度快，成本较高	吕梁机场工程，贵阳龙洞堡机场工程，神农架机场工程
2	冲击碾压	1）冲碾适用范围广； 2）对土壤的含水量没有严格要求，可大大减少对干性土的加水量，还可将过湿的地基排干，加速软土地基的稳定	1）使用冲击压路机施工会产生高能量，能够充分增大饱和土壤的孔隙压力，在有排水通道的情况下，加速水的消散，能够大幅度缩短固结的时间； 2）能够压实厚度大的填筑层，从而能够在保证工程质量的前提下，充分发挥运土设备的使用效率，加快施工进度； 3）由于冲击压路机设备具有的高能量，可对填料的含水量范围要求适当放宽； 4）冲击压路机冲击力大，作用深度深，可以对经过常规压实设备碾压过的路基进行补压，压实过程中的薄弱环节并予以补强压实，尤其是对挖填结合部位和填方路段检测补压作用尤为明显	施工速度快，成本较低	上海虹桥机场工程，上海浦东机场工程
3	塑料排水板+堆载预压	适用于东南部沿海不良地质为较深厚软土地基、池塘湖泊较为发育的地区	1）塑料排水板的堆载预压法处理地基施工简单、快速、有效，并且可以使地基土压实、固结、快速沉降，是一种比较理想的垂直排水法； 2）对于深度较大的软土地基处理效果明显，可以有效消除和降低地基的工后沉降，尤其是不均匀沉降，保证地基稳定性； 3）适用于工期不太紧张的工程	施工速度慢，成本较低	温州机场工程，连云港机场工程，无锡丁蜀机场工程

续表

序号	名称	适用条件	高效建造优缺点	工期和成本	案例
4	高真空管排水＋冲击碾压	适用于在沿江、沿湖、沿海等地区软土地基上承建机场、工厂、码头、公路等	1）通过高真空管排水人为在土层中制造"压差"，利用"压差"来快速消散超孔隙水压力，使软土中的水快速排出；冲击碾压使击密效果大大提高，从而使被处理土体形成一定厚度的超固结"硬壳层"；由于"硬壳层"的存在，使得表层荷载有效扩散，减少了因荷载不均匀产生的不均匀沉降； 2）工期不长，其达到常规工法的1/3～1/2；施工环保，不运用添加剂，无噪声；造价不高，不仅迅速，而且工程造价达到普通工艺的40%～80%； 3）质量可控，进行软土含水量以及密实度、工前沉降以及差异沉降的合理控制，迅速增加承载力	施工工期短，成本较低	上海虹桥机场工程，上海浦东机场工程
5	水泥搅拌桩	1）适用于处理包括淤泥、淤泥质土等各种成因的饱和软黏土、含水量较高且地基承载力较低的地基； 2）加固深度可达30m	1）水泥搅拌桩用途广泛，可用于形成复合地基、支护结构、防渗帷幕等； 2）水泥搅拌桩施工工期短、无公害、成本低、施工机械化程度高； 3）由于我国搅拌机械的性能及施工监控系统比较落后，加成桩质量缺乏监控装置，堵土断桩现象需要用人工监视等，再加上管理环节的薄弱，操作人员的技术水平及操作不认真，因此施工工艺尚待进一步完善和提高，质量检测手段有待加强和健全	施工工期短，成本较低	上海浦东机场工程

基层工程施工技术选型　　　　　　表 3.2.11-2

序号	名称	适用条件	高效建造优缺点	工期和成本	案例
1	双层连续摊铺技术	1）适用于上下两层材料相同的无机结合料稳定基层施工； 2）适用于基层施工工期较紧张的工程	1）双层连续摊铺可大大缩短工期，避免了分层还需养护7d才能施工下基层的缺点，加快了施工进度； 2）两层连续摊铺节约了下基层洒水与覆盖的费用，节省施工费用； 3）双层连铺减少施工间隔造成的层间污染，可形成良好的板体结构； 4）摊铺上基层时应尽量减少对下基层的扰动，加快上基层作业时间，确保在下基层混合料初凝前完成上层的碾压。上下两层要采用相同的碾压方式，以达到相同的压实功	施工工期短，成本较低	北京首都机场工程，天津滨海机场工程，兴城机场工程

3.2.11.3　水泥混凝土面层工程施工技术选型

水泥混凝土面层工程施工技术选型见表 3.2.11-3。

水泥混凝土面层工程施工技术选型　　　　　　　　表 3.2.11-3

序号	名称	适用条件	高效建造优缺点	工期和成本	案例
1	切缝倒角技术	适用于水泥混凝土道面，常应用于跑道和快速出口滑行道道面	1）采取倒角措施后，能够有效减少道面使用中的接缝啃边、剥落等质量通病的发生，从而降低道面的日常维修费用，更重要的是，避免了因接缝损坏对飞机安全构成的潜在威胁，对保障飞机运行安全，减少航班延误有重大意义，因而新型倒角工艺具有巨大的间接经济效益和显著的社会效益； 2）切缝倒角工艺技术先进，施工工艺简单，便于操作	施工工期短，成本较低	上海虹桥机场工程，上海浦东机场工程
2	薄层修补技术	1）适用于混凝土道面施工当中由于养护不当或者施工天气原因造成的表面微裂纹、起灰、起皮等现象的修复； 2）材料原因或者施工问题造成的蜂窝麻面； 3）因车辆磨耗造成的粗骨料裸露或低温冻害、火灾造成混凝土的损坏； 4）施工偏差需要补差时的薄层修复	1）针对混凝土路面的麻面、空鼓、起皮、脱壳、裂缝、露筋等病害进行及时修补，有超强的抗压和粘结强度，可实现超薄修补，在高速和高压的飞机起落滑行状态下不会出现破碎和脱落现象； 2）施工时无需复杂的施工机械和技术要求，无需长时间的封闭交通，施工后短时间内即可开放交通； 3）无需对病害部位开挖，可节省大量的施工费、材料费和养护时间，有效延缓道面病害的扩散和蔓延，延长使用寿命；而且修补后与原水泥混凝土路面颜色接近，有较好的美观度； 4）施工时应注意病害部位清理干净，修补后应做好保水养护，以免影响修补质量	施工工期短，成本较低	锡林浩特机场工程，包头机场工程
3	水泥砂浆厚度检测技术	适用于水泥混凝土道面施工时的水泥砂浆厚度质量检测	1）通过揉浆后进行砂浆厚度检测，确保厚度均匀且满足规范要求，避免因水泥浆厚度不均引起的裂纹、凹陷、漏石、麻面等病害； 2）采用自制的水泥砂浆厚度检测仪，制作简单，操作直观易行，效果显著	施工工期短，成本低	上海虹桥机场工程，上海浦东机场工程

3.3　资源的配置

3.3.1　物资资源

机场物资采购要结合工程位置、工程设计形式，及时快速建立物资信息清单，通过整合公司内部资源和外部资源，获得材料的技术参数、价格信息，并及时反馈至设计单位，设计单位根据物资采购信息进行整合选型，达到高效建造的目的。

已有专项物资信息见表 3.3.1-1。

已有专项物资信息表　　　　　　　　　表 3.3.1-1

序号	材料名称	厂家	使用场馆名称
1	盘扣式脚手架	顶汀（上海）实业有限公司	萧山机场
2	盘扣式脚手架	上海晓铂实业有限公司	萧山机场
3	盘扣式脚手架	浙江星易盛实业发展有限公司	萧山机场
4	格构柱	上海竖河建设工程有限公司	萧山机场
5	型钢组合支撑	上海宏信设备工程有限公司	萧山机场
6	拉森钢板桩	上海龙明建设发展有限公司	萧山机场
7	防水卷材	江苏凯伦防水工程有限公司	萧山机场
		上海禹康节能科技有限公司	萧山机场
8	钢管扣件	上海希程建筑设备租赁有限公司	萧山机场
9	电缆电箱	上海震变电力工程有限公司	萧山机场
10	电缆电线	上海起帆电缆股份有限公司	萧山机场
11	模板木方	上海霞懿实业有限公司	萧山机场
12	模板木方	上海梁瑞实业有限公司	萧山机场
13	槽钢	上海义信建材有限公司	萧山机场
14	竹胶板	上海湄荣贸易有限公司	萧山机场
15	模板木方	上海住总建科化学建材有限公司	萧山机场
16	模板木方	无锡市尚盟贸易有限公司	萧山机场
17	机制铸铁排水管	禹州市新光铸造有限公司	桂林两江国际机场 T2 航站楼
18	智能疏散及配件	高碑店市联通铸造有限责任公司	桂林两江国际机场 T2 航站楼
19	散热器	天津市美佳散热器制造有限公司	桂林两江国际机场 T2 航站楼
20	弱电线缆	江苏帝一集团有限公司	桂林两江国际机场 T2 航站楼
21	普通阀门	开维喜阀门集团有限公司	桂林两江国际机场 T2 航站楼

3.3.2　设备资源

　　整合公司内部和外部施工机械设备，提前选定合适的施工机械，保证施工机械的快速就位，从而保证机场的高效建造，施工机械设备信息见表 3.3.2-1。

施工机械设备信息表　　　　　　　　　表 3.3.2-1

序号	材料名称	机械型号	使用时长（月×台）	机械数量（台）	费用参考（万/月）	进出场费（参考价）	组装准备时间（d）	厂家名称	使用场馆名称
1	塔式起重机	6513	90	14			2	江苏易承租赁有限公司	萧山机场
2	塔式起重机	7020	103	12			2	昆山久裕工程设备租赁有限公司	萧山机场

续表

序号	材料名称	机械型号	使用时长（月×台）	机械数量（台）	费用参考（万/月）	进出场费（参考价）	组装准备时间（d）	厂家名称	使用场馆名称
3	塔式起重机	7527	42	4			2	昆山久裕工程设备租赁有限公司	萧山机场
4	塔式起重机	TC6012	36	4	7	5	2	中联重科	桂林两江国际机场 T2 航站楼
5	塔式起重机	TC6513	36	5	9	6	2	中联重科	桂林两江国际机场 T2 航站楼
6	履带起重机	200t	10	2	12.5	7 万/次	1	三一	桂林机场
7	履带起重机	200t	4	1	13	7 万/次	1	徐江	禄口机场
8	履带起重机	260	3	1	19	8 万/次	1~2	中联重科	济南遥墙机场
9	履带起重机	300	3	1	21.5	11 万/次	2~3	中联重科	济南遥墙机场
10	履带起重机	300	10	1	20	11 万/次	3	三一	桂林机场
11	履带起重机	400	10	1	30	15 万/次	3~4	三一	桂林机场
12	汽车起重机	25t	6	2	4	3 万/次	1	徐工	桂林两江国际机场 T2 航站楼
13	汽车起重机	300t	6	1	17	9 万/次	1	徐工	昆明长水国际机场 S1 卫星厅
14	施工电梯	SS100/100	8	6	9	8 万/次	2		桂林两江国际机场 T2 航站楼

注：机场屋面网架分片吊装或重型复杂钢构件多使用履带起重机，吊次约 1 吊 /d（视杆件数量与节点复杂程度）。

3.3.3　专业分包资源

选择劳务队伍时，优先考虑具有机场或大型公建项目施工经验、配合好、能打硬仗的劳务队，同时也要考虑"就近原则"，在劳动力资源上能共享，随时能调度。专业分包资源信息见表 3.3.3-1。

专业分包资源信息表　　　　表 3.3.3-1

序号	专业工程名称	专业工程分包商名称	使用机场名称
1	不停航施工	云南益全建筑工程有限公司	昆明长水国际机场 S1 卫星厅
2	石方爆破工程	云南齐安爆破工程有限公司	昆明长水国际机场 S1 卫星厅
3	防水工程	广东东方雨虹防水工程有限公司	昆明长水国际机场 S1 卫星厅
4	防雷工程	华东建设安装有限公司	桂林两江国际机场 T2

续表

序号	专业工程名称	专业工程分包商名称	使用机场名称
5	标识系统工程	广西长河标识有限公司	南宁机场 T2
6	虹吸排水	山东省显通安装有限公司	南宁机场 T2
7	智能化工程（含弱电、网络）	广西苏中达科智能工程有限公司	南宁机场 T2
8	通风空调系统	中建安装工程有限公司	昆明长水国际机场
9	消防工程	首安工业消防有限公司	桂林两江国际机场 T2
10	门禁系统	广东赛翼智能科技股份有限公司	南宁机场 T2
11	预应力工程	保定市银燕预应力工程有限公司	桂林两江国际机场 T2，昆明长水国际机场 S1 卫星厅
12	钢结构工程	中建钢构有限公司	南宁机场 T2，昆明长水国际机场 S1 卫星厅
13	钢结构工程	中国建筑第八工程局钢结构有限公司	昆明长水国际机场 T1
14	信息集成系统	广西成吉思建筑智能工程有限公司	南宁机场 T2
15	建筑幕墙工程	温州亚飞幕墙	桂林两江国际机场 T2
16	建筑幕墙工程	深圳金粤幕墙装饰工程有限公司	昆明长水国际机场 S1 卫星厅
17	屋面工程	森特士兴集团股份有限公司	桂林两江国际机场 T2，昆明长水国际机场 S1 卫星厅

3.3.4 资源的配置

3.3.4.1 物资资源

机场项目专项物资信息见表 3.3.4-1。

机场项目专项物资信息表   表 3.3.4-1

序号	材料名称	材料数量	厂家	使用工程名称
1	ALC 板材墙体		青岛海靓新型建材有限公司	青岛新机场
2	不锈钢屋面板	20 万 m^2	太原钢铁集团有限公司	青岛新机场
3	矿物质电缆、母线	90000m	久盛	青岛新机场
4	压力平衡补偿器	39 台	晨光	青岛新机场

3.3.4.2 设备资源

工程设备方面，整合设备信息库，在设计过程中，根据参数筛选可供选用的设备，确保设备选型、品牌选择、设备采购、设备安装快速实现，机场项目设备信息见表 3.3.4-2。

机场项目设备信息表　　　　　　　　　　　表 3.3.4-2

序号	材料名称	设备数量（台）	厂家名称	使用工程名称
1	电梯	12	迅达（中国）电梯有限公司	青岛新机场
		10	上海三菱电梯有限公司	青岛新机场
2	隔振器	93	隔而固（青岛）振动控制有限公司	青岛新机场
3	智能照明系统	8	广州世荣电子股份有限公司	青岛新机场
4	能源管理系统		南京天溯自动化控制系统有限公司	青岛新机场
5	变配电智能监控系统		深圳市中电电力技术股份有限公司	青岛新机场
6	10kV 微机保护系统		山东国维电气有限公司	青岛新机场
7	阻尼器	85	玛格巴（上海）桥梁构件有限公司	青岛新机场

3.3.4.3　专业分包资源

专业分包资源选择上，采用"先汇报后招标"的原则。邀请在全国实力较强的专业分包单位，要求他们整合资源，在招标前对施工及深化设计方案进行多次、深层的汇报。通过多次汇报加强项目人员对专业性较强的专业的学习和理解，并对各家单位相关情况进行直观了解，为后期编制招标文件及选择好的专业分包单位打下基础。建立优质专业分包库，用于专业分包选择，专业分包单位信息见表 3.3.4-3。

专业专包单位信息表　　　　　　　　　　　表 3.3.4-3

序号	专业工程名称	专业工程分包商名称	使用工程名称
1	高压配电柜	青岛浩越网络工程有限公司	青岛新机场
2	柴油发电机	上海科泰电源股份有限公司	青岛新机场
3	多联机系统	青岛海信日立空调系统有限公司	青岛新机场
4	钢结构	江苏沪宁钢机股份有限公司	青岛新机场
5	弱电系统	北京中航弱电系统工程有限公司	青岛新机场
6	消防系统	中国中安消防工程有限公司	青岛新机场
7		北京费尔消防技术工程有限公司	青岛新机场
8	行李系统	范德兰德物流自动化系统（上海）有限公司	青岛新机场
9	电梯	迅达（中国）电梯有限公司	青岛新机场
10		上海三菱电梯有限公司	青岛新机场
11	屋面工程	中建二局安装工程有限公司	青岛新机场
12	幕墙工程	深圳市三鑫幕墙工程有限公司	青岛新机场

续表

序号	专业工程名称	专业工程分包商名称	使用工程名称
13	精装修工程	中建八局装饰工程有限公司	青岛新机场
14		北京中建华腾装饰工程有限公司	青岛新机场
15		深圳市晶宫设计装饰工程有限公司	青岛新机场
16		深圳市中装建设集团股份有限公司	青岛新机场
17		德才装饰股份有限公司	青岛新机场
18	预应力	中建八局第三建设有限公司	青岛新机场

3.4 信息化技术

3.4.1 信息化技术应用策划

项目开工后，应将项目信息化技术的应用策划作为项目整体策划的一项重要内容，与项目整体策划同步进行、同步实施、同步监督、同步考核。

策划内容主要包括组建信息化管理主责部门（或团队）、确定信息化应用的工作标准和目标、配置信息化应用所需软硬件设施、制定信息化应用的内容和实施计划、建立信息化应用过程的监督考核机制、统一信息化应用成果的提交和审核格式要求等。

3.4.2 信息化技术实施方案

3.4.2.1 设计阶段

信息化管理团队需在设计阶段组织协调项目各专业人员基于BIM技术开展深（优）化工作，应充分考虑设计功能、物资采购、施工组织与运营维护等综合需求，进行统一协调，及时发现设计中存在的问题并提出优化建议及解决措施，以供发包及设计方参考，减少或避免项目在建造过程中出现的变更和调改。设计阶段信息化技术的应用见表3.4.2-1。

设计阶段信息化技术的应用 表3.4.2-1

序号	工作名称	内容概述	工作要求	高效建造优缺点	工期和成本	工程案例
1	阶段性策划	编制设计阶段信息化应用策划书	策划书应包含深（优）化设计的内容目标、时间安排、实现手段等	优点：明确了工作目标、标准、内容，为深（优）化提供指引	有利于工期和成本目标的实现	
2	工作平台	搭建协同工作平台	需明确工作平台搭建的类型和标准，各方参与的方式与权限	优点：提高各专业协同工作效率。 缺点：平台类型众多，需要选择最适合本项目的平台	成本上有一定的投入，对工作效率有较大提升	

续表

序号	工作名称	内容概述	工作要求	高效建造优缺点	工期和成本	工程案例
3	模型建立	根据设计图纸分专业建立精细化各专业模型	专业模型应包括：土建结构、建筑、钢结构、屋面、装饰装修工程、机电安装工程、幕墙工程、室外工程等	优点：通过模型的建立，可快速查找出图纸存在的问题，节省时间。 缺点：需要配置专业信息化管理人员和软硬件设备	成本上有一定的投入，为后续的信息化施工打下坚实基础	
4	碰撞检查	根据建立的各专业模型进行碰撞检查	需要对所建模型进行各专业内和专业间碰撞检查，进一步查找图纸问题，并形成报告	优点：可以快速查找各专业图纸问题，并可以直观三维展示，为后续的深（优）化工作做准备。 缺点：需要配置专业信息化管理人员和软硬件设备	成本上有一定的投入，为后续的信息化施工打下坚实基础	
5	深（优）化设计	对各专业进行深（优）化设计工作，并出图用于现场施工	根据碰撞报告，分析梳理出深（优）化工作内容，并与发包方、设计等沟通协同，制定出统一深（优）化的原则与方针，在深（优）化成果得到各方确认后，导出施工图	优点：通过深（优）化工作及时快速地解决问题，通过三维直观展示效果，并出图用于施工，真正实现所见即所得。 缺点：对专业间的协调要求较高	图纸设计深度是工期实现的关键因素，同时也是成本核算的重要依据	
6	建筑功能模拟	标识空间、使用功能深（优）化设计模拟	模拟内容主要包括：人流车流导向、观众疏散模拟、标识标牌与装饰装修的结合效果等	优点：设计效果可视化，完美契合设计意图。 缺点：需要使用各类分析软件，专业性强	可以有效提高项目功能的完成度	
7	成果确认	模型、施工图纸的确认	分阶段、分专业向发包方、设计提交模型，确认后进行二维图纸的转化、审核和审批	优点：避免了工作的反复，提高了图纸审核效率	能有效缩短图纸的审核周期，为尽早施工创造条件	

3.4.2.2　施工阶段

编制施工阶段信息化技术实施策划书，确定具体的信息化应用的范围、类型以及预期目标，应用范围涵盖施工过程的人、机、料、法、环等各个方面（根据项目类型确定应用的具体范围）。施工阶段信息化技术的应用见表 3.4.2-2。

施工阶段信息化技术的应用　　　　　表 3.4.2-2

序号	工作名称	内容概述	工作要求	高效建造优缺点	工期和成本	工程案例
1	阶段性策划	编制施工阶段信息化应用实施策划书	策划书应包括施工阶段应用的内容、目标、时间安排、实现手段等	优点：明确工作目标和工作标准	有利于工期和成本目标的实现	

续表

序号	工作名称	内容概述	工作要求	高效建造优缺点	工期和成本	工程案例
2	施组（方案）管理	针对施工组织设计（方案）等进行信息化应用策划、编制与实施	利用BIM+VR/AR、BIM+3D打印等技术对重大方案进行施工模拟分析，主要包括：结构计算分析、施工工况模拟、施工工序安排模拟、可视化交底等	优点：能够提高方案的可行性、合理性和适用性。 缺点：对方案编制人员和信息化技术人员的协同度要求较高	有利于工期和成本目标的实现	
3	平面管理	现场平面管理与协调	利用信息化技术模拟平面布置的合理性、高效性、节约性，同时在不同施工阶段达到实时监控、统一管理、动态调整的目标	优点：有效提升大型项目现场平面管理水平。 缺点：需对项目所有专业实施的平面需求有较深的理解和认识	有助于项目工期的实现，有效降低现场平面管理成本的投入	
4	进度管理	进度管理	建立可视化的4D工期模型，贯彻进度管理的策划、实施、反馈、优化与调整等各个过程	优点：工期管理可视化，有效识别工期的影响因素，以确定下一步管理工作的重点	利于工期目标实现	
5	质量管理	质量管理	搭建质量管理信息平台，将试验室数据、实测实量数据、质量行为记录等统一传输至平台，进行大数据的分析与对比	优点：项目质量管理相关数据自动收集，有效识别质量影响因素，确定下一步管理工作重点	能够有效协调工期与质量的统一	
6	安全文明施工管理	安全文明施工管理	搭建塔式起重机、升降机、履带起重机等大型机械的运行数据信息监控平台；对重大危险源施工过程进行信息化监控等；对噪声、天气、扬尘等信息实时传输与监控	优点：提高现场施工数据收集效率，为工作实施提供数据支撑。 缺点：软硬件类型错综复杂，标准参差不一	成本上有一定的投入，能够有效协调工期与安全的统一	
7	专业穿插与协调	专业和工序的穿插与协调模拟	各专业和工序实施前，利用信息化手段提前进行穿插与协调的策划，主要包括：主体结构施工预留预埋的准确性、钢结构与土建的穿插作业、装饰装修与机电安装的穿插作业、室外工程与体育工艺的穿插作业、体育工艺与机电安装的穿插作业、屋盖结构与场地扩声和照明的穿插作业、火炬塔与室外工程或主体结构的穿插作业、场馆运行联合调试与赛事保障等	优点：可以实现工期安排从单专业维度向多专业维度的叠加，映射工期安排是否合理、有效	有助于项目工期和成本目标的实现	

续表

序号	工作名称	内容概述	工作要求	高效建造优缺点	工期和成本	工程案例
8	信息化成果动态调整	三维激光扫描技术应用	针对建筑重点和异形部位，将BIM技术和三维激光扫描技术相结合，将施工图信息和现场施工实际信息进行对比和分析，为诸如屋面钢结构、幕墙、装饰装修等专业的深化设计、材料选型与加工等过程提供数据信息支撑	优点：通过逆向BIM技术的应用，将理论数据与实际数据进行对比分析，为后续工作提供数据支撑。缺点：对信息化技术人员的操作技能要求较高	对专业间界面的数据偏差预先考虑，避免返工，有效保证工期目标	
9	装配式施工	基于BIM的装配式施工	利用BIM+物联网+三维扫描技术，为建模、模具设计、预制生产、安装与维护提供信息化技术支持	优点：有助于工厂作业和现场作业的协调。缺点：对装配结构和现浇结构的技术协同程度要求较高	对装配作业工期可视化控制，利于工期目标的实现	
10	机电安装模块化	机电安装模块化技术应用	利用BIM+模块化装配式施工技术，提高机房安装施工效率，缩短整体工期，提升机电整体安装品质	优点：最大程度实现机电作业工厂化。缺点：对机电BIM模型的精度要求较高	提高机房安装施工效率，有效保证工期目标	
11	完工标准	重点功能区域的完工交付标准模拟（BIM+VR/AR技术）	对诸如新闻发布厅、首长接见厅、贵宾休息室、主席台、计时计分系统、电视转播、人流交通等赛时重要区域进行交付标准模拟，达到所视即所得的状态	优点：针对可视化的完工交付标准，梳理工作清单，工作策划前置	有助于建筑功能的完美实现	
12	劳务管理	劳务实名制管理	搭建劳务实名制大数据平台，包括考勤系统、工资发放系统、安全教育与安全行为记录系统等	优点：更能保障劳务数据的真实性、实时性	有助于现场所需劳动力的保障，利于工期目标的实现	
13	绿色施工管理	节能降耗管理	搭建项目能耗信息平台，实时监控项目各个阶段的水、电等资源的消耗数据，实时传输万元产值能耗水平	优点：项目能耗相关数据自动收集，为项目成本管控提供有效数据支撑	有利于项目施工成本的管控	

3.4.3　项目信息管理系统

项目信息管理系统（Project management information system，PMIS）是计算机辅助项目管理的工具，为项目目标的实现提供了强有力的帮助。

要实现机场航站楼快速建造，应严格执行企业《标准化管理手册》关于标准化的各项制度，结合信息化，推动项目"两化融合"，在项目重点推行工作标准化、安全防护标准化、质量做法标准化。运用 OMS 管理系统、ERP 系统、项目信息管理系统、网络办公平台、钉钉日志、微信群等进行信息技术管理。具体见图 3.4.3-1、图 3.4.3-2。

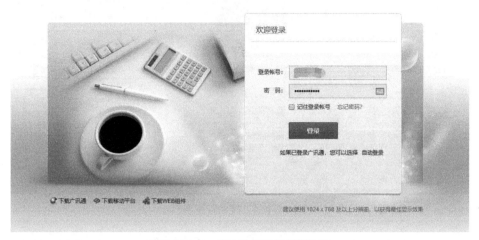

图 3.4.3-1 OA 协同办公管理平台

图 3.4.3-2 智慧建造管理一体化平台

项目通过项目管理系统进行《施工日志》填报，每个业务系统日志填报责任人分别输入各自负责的内容，软件自动汇总生成表单；通过制作、扫描二维码，就可以了解工程实体隐蔽验收、实测过程、实测结果等信息，保证可追溯性。

3.4.4 技术管理系统

技术管理系统是在适应新常态下，为提升技术管理效率开发的一套管理系统，见图 3.4.4-1。

技术管理系统共包含 9 个业务模块：方案编制审批、重大方案联审、优秀方案集锦、总工授权管理、技术骨干信息、方案审核师库、双优化案例库、标准规范管理、技术管

图 3.4.4-1 技术管理系统

理提升。该系统可以实现日常技术管理线上办公，连通公司—分公司—项目部线上管理链条，实现技术管理的标准化、信息化。

3.5 新技术研究与推广

新技术研究与推广见表 3.5-1。

新技术研究与推广   表 3.5-1

序号	技术名称	适用条件	技术特点	高效建造优缺点	工期和成本	工程案例
1	网架累积滑移与设备管线一体化同步安装	采用滑移法、整体提升方法施工的钢结构网架结构	将机电、设备的大型管道通过深化设计预先定位后，安装在网架上；通过顶升、滑移的网架整体提升安装到位	速度快、深化设计要求高、避免机电二次安装造成设备资源投入	预计缩短机电单项安装工期10%以上	暂无

4 高效建造管理

4.1 组织管理原则

（1）应建立与工程总承包项目相适应的项目管理组织，并行使项目管理职能，实行项目经理负责制。项目经理应根据工程总承包企业法定代表人授权的范围、时间和项目管理目标责任书中规定的内容，对工程总承包项目，自项目启动至项目收尾，实行全过程管理。

（2）工程总承包企业宜采用项目管理目标责任书的形式，并明确项目目标和项目经理的职责、权限和利益。

（3）设计管理应由设计经理负责，并适时组建项目设计组。在项目实施过程中，设计经理应接受项目经理和工程总承包企业设计管理部门的管理。

（4）项目采购管理应由采购经理负责，并适时组建项目采购组。在项目实施过程中，采购经理应接受项目经理和工程总承包企业采购管理部门的管理。

（5）施工管理应由生产经理（或项目总工程师）负责，并适时组建施工组。在项目实施过程中，生产经理（或项目总工程师）应接受项目经理和工程总承包企业施工管理部门的管理。

（6）工程总承包企业应制定风险管理规定，明确风险管理职责与要求。项目部应编制项目风险管理程序，明确项目风险管理职责，负责项目风险管理的组织与协调。

（7）项目部应建立项目进度管理体系，按合理交叉、相互协调、资源优化的原则，对项目进度进行控制管理。

（8）项目质量管理应贯穿项目管理的全过程，按策划、实施、检查、处置循环的工作方法进行全过程的质量控制。

（9）项目部应设置费用估算和费用控制人员，负责编制工程总承包项目费用估算，制定费用计划和实施费用控制。

（10）项目部应设置专职安全管理人员，在项目经理的领导下，具体负责项目安全、职业健康与环境管理的组织与协调工作。

（11）工程总承包企业应建立并完善项目资源管理机制，使项目人力、设备、材料、机具、技术和资金等资源适应工程总承包项目管理的需要。

（12）工程总承包企业应利用现代信息及通信技术对项目全过程所产生的各种信息进行管理。

（13）工程总承包企业的商务管理部门应负责项目合同的订立，对合同的履行进行监督，并负责合同的补充、修改和（或）变更、终止或结束等有关事宜的协调与处理。项目部应根据工程总承包企业合同管理规定，负责组织对工程总承包合同的履行，并对分包合同的履行实施监督和控制。

（14）项目收尾工作应由项目经理负责。

4.2　组织管理要求

（1）组建项目管理团队。

要求主要管理人员及早进场，开展策划、组织管理工作，项目总工、计划经理必须到位，开展各种计划、策划工作。根据机场规模大小和重要程度，设置施工方案、深化设计和计划管理专职人员。

（2）根据招标要求或合同约定，确定项目工期、质量、安全、绿色施工、科技等质量管理目标，分解目标管理要求。

（3）研究策划工程整体施工部署，确定施工组织管理细节。

结合机场工程结构形式、规模体量、专业工程、工序工艺和工期的特点，以机场工期为主线，以"分区作业，分段穿插"为原则制定施工部署。土建结构整体施工进度以给钢结构提供工作面为目标，钢结构以给外幕墙、屋盖提供工作面为目标，出港候机、到港、办公及商业配套用房装饰施工以幕墙、屋盖体系基本结束不再交叉施工为条件，根据施工段划分情况穿插施工。

（4）根据工期管理要求，分析影响工期的重难点，制定工期管控措施。

主要重点部位如下：地基与基础、钢结构和屋盖结构、幕墙、公共区、卫生间装饰、正式水电、室外污雨水管网等。

（5）劳动力组织要求。

土建劳务分包组织。根据土建结构形式和工期要求，结合目前劳务队伍班组的组织能力，进行合理划分。施工区域按照每家劳务不大于 6 万 m² 划分。

拟定分包方案（参照）：

根据施工段划分和现场施工组织、主体劳务施工能力等情况，拟将机场划分 3～4 个施工段，机场外围待钢结构吊装完成后再进行施工，劳务队伍可暂不选择。

（6）二次结构、钢结构、金属屋面、外幕墙、室内装饰装修、机电安装等专业分包计划根据工期要求和实体工程量、专业分包能力综合考虑。制定专业分包招采和进场计划。举例见表 4.2-1、表 4.2-2。

专业分包工程招标计划、施工时间表　　　　　　　　　　表 4.2-1

序号	专业名称	招标完成时间	最迟施工开始时间	备注
1	钢结构工程	开工后 10d	开工后 10d	
2	幕墙工程	开工后 150d	开工后 260d	
3	金属屋面	开工后 180d	开工后 390d	
4	精装修工程	开工后 396d	开工后 600d	
5	电梯安装	开工后 180d	开工后 491d	
6	电气专业	开工后 51d	开工后 250d	
7	暖通专业	开工后 153d	开工后 250d	
8	给水排水及消防	开工后 123d	开工后 250d	

机场相关专业招标、施工计划时间表（西南）　　　　　　表 4.2-2

序号	工程名称	招标完成时间	最迟施工开始时间	备注
1	登机桥	开工后 30d	开工后 60d	所列为基础施工，固定端最迟施工为开工后 800d
2	行李系统安装	开工后 390d	开工后 510d	
3	消防电	开工后 560d	开工后 650d	
4	智能化	开工后 645d	开工后 735d	
5	民航信息	开工后 645d	开工后 735d	
6	安检系统	开工后 880d	开工后 970d	

（7）地基与基础工程组织管理。

地基与基础在机场工程工期管理中占有重要位置，由于水文地质、周边环境、环保管控等不确定因素，对整体工期影响巨大，必须重点进行策划，特别是对基础设计方案和施工方案、试桩、检测方案等进行严密论证，确保方案的可行性。

（8）主要物资材料等资源组织。

主体阶段对钢材、混凝土、周转工具等供应进行策划组织，确定材料来源、供货厂家资质、规模和垫资实力等，确定供货单位，确保及时供应，并留有一定的余量。制定主要材料、设备招标、进场计划。

混凝土搅拌站选择：根据总体供应量和工程当地混凝土搅拌站分布情况，结合运距和政府管控要求，合理选择足够数量的搅拌站供应。对后期小方量混凝土供应必须提前策划说明，防止后续混凝土停工影响二次结构等施工。

（9）设计图纸及深化设计组织管理。

正式图纸提供滞后，将严重影响工程施工组织，应积极与设计单位对接，并与其确定正式图纸提供计划。必要时分批提供设计图纸、组织消防和图纸审查。

机场工程结构复杂，钢结构、屋面、幕墙、精装修、登机桥及登机柜台系统等均需进行深化设计，必须提前选定合作单位或深化设计单位。积极与设计单位沟通，并征得其认可，有利于深化设计及时确认。根据图纸要求分析，制定深化设计专业及项目清单，组织相关单位开展深化设计，以便于招标和价格确定、施工组织管理、设计方案优化和设计效益确定。

（10）正式水电、污水雨水排放等施工和验收组织。

项目施工后期，水电等外围管网的施工非常重要，决定能否按期调试竣工。总承包单位要积极对接发包方和政府市政管理部门，积极协助配合建设单位、专业使用单位尽早施工完成，协助发包方办理供电、供水验收手续，并与建设单位一起将此项工作列入竣工考核计划。

4.3　不停航施工管理

不停航施工是指在机场不关闭或者部分时段关闭并按照航班计划接收和放行航空器的情况下，在飞行区内实施工程施工，常见于机场改扩建工程。通俗地讲就是在不影响机场安全、正常运行的情况下，保证工程顺利施工。

根据《运输机场运行安全管理规定》第十章"不停航施工管理"文件精神，按照机场业主、机场公安消防等相关职能部门及上级主管部门具体实施要求，进场后第一时间编制详细的"不停航施工管理方案"，立即上报中国民用航空局或者民航地区管理局批准后实施。在保证飞行、人员、财产安全和机场的正常运营前提下，减少"不停航施工管理方案"审批（根据以往经验用时约60日历天）对工期造成的影响。不停航施工管理具体见表4.3-1。

表 4.3-1

不停航施工管理

序号	不停航管理分类	管理要求	风险源	管理措施
1	不停航管理	根据《运输机场运行安全管理规定》中第二百三十五条，禁止在跑道运行活动期间，在跑道端之外 300m 以内、跑道中心线两侧 75m 以内的区域进行任何施工作业	1）跑道侵入：是指施工人员或无关人员、物体闯入飞行区跑滑系统区域内；2）围界入侵：是指人为破坏或自然损坏、围界不符合标准容易造成人或者动物侵入等	工程前期根据现场考察，在保证机场正常运作及满足工程的施工要求的前提下，采用切实可行且有针对性的措施，如夜间航班期间歇期施工等
2	外线拆改	机场改扩建区域存在众多正在使用的地下管线，该管线使用安全等级极高，在完成管线迁改的同时还需保证航站楼正常运营	管线及机场设施损坏	利用地下无损探测技术 +GPS 三维定位技术 +BIM 综合排布技术进行管线迁改工作
3	人员管理	根据机场公安要求，进场人员、车辆均需对其实名报备，机场公安将调查相应人员，一旦发现有不良记录的人员，将强制要求其离场		1）项目部安全管理小组与机场现场指挥机构和机场公安派出所建立可靠的通信联系，施工期间设专人值守，确保联系通畅；2）建立每日情况通报制度，及时向机场管理部门和公安局汇报工程进展，同时通报将要进入的人员、车辆及需要配合协调解决的问题等，既配合对方，同时也取得对方的配合和支持
4	限高管理	按照《民用机场飞行区技术标准》MH 5001—2021 的规定，机场净空保护区范围为机场规划跑道中心线两侧各 10km，跑道端外 20km 的区域，由限制面内和外水平面组成。限制面内的建设项目，其建设高度（指最高点含构筑物及附属设施）不得超过机场远期净空保护区的限高	航行通告：是指不及时传递施工信息，不按标准程序发布航行通告	原则上，10km 内限高 30m，20km 内限高 150m，超过这个数字的高度，需报民航管理局批准

续表

序号	不停航管理分类	管理要求	风险源	管理措施
5	交通组织管理	施工运输车辆须经民航部门批准，不得擅自进入飞行区，不得妨碍现有飞行区正常工作和工作秩序。场外交通尽量避免机场接送站拥堵路线冲突，将施工车辆对机场日常运行的影响降至最小	新建道口关闭标志、关闭灯光未按时设置	1) 把现场道路交通标志布置齐全，道路行驶方向标以箭头指示，不许驶入的标志以禁行标志、路边设限速标志等； 2) 建立临时交通岗，设交通安全员2名，随时疏导场内交通拥堵现象，同时监控临时道路交通状况； 3) 征得业主及航管局同意，环现场布置监视现场施工情况书，同时监控临时道路交通状况； 4) 出入口设保安两名24h值班，内部车辆配现场车证，外部车辆须先用门口电话或对讲机与内部联系，征得同意后方可放行驶入人，其他无关车辆均不得入内，同时保安做好车辆出入、入记录，以方便查询； 5) 现场施工运输时间安排以机场的正常运行为主要原则，寻求最佳处理方案。时间安排。施工运输时间安排前与指挥部进行沟通，如有难以避免的时间冲突，经协调后进行时间协调，项目部运输主管部门必须提前向机场或指挥部通交报告，寻求最佳处理方案
6	FOD管理	避免漂浮物、扬尘、施工道路应洒水，土堆应覆盖，用土车辆应飞行安全；免造成扬尘影响飞行安全，彩条布、彩钢板等杂物须清进入人空域，不得在围界同边，下滑地段大风吹起杂物，以免引起烟雾影响飞行安全	道面遗留FOD	1) 安排专职保洁人员，负责安全围界内施工区域的保洁工作，重点确保施工区域的清洁。施工区域内每日退场前必须打扫干净，防止松散颗粒、易漂浮物残留，危及飞行安全； 2) 对施工中易漂浮的物体、堆放的材料加以遮盖，防止被风或航空器尾流吹散；大于5级风时安排专职人员对现场材料覆盖情况进行检查核实； 3) 安排专职洒水车随时洒水以防扬尘
7	照明管理	现场定向照明		规划施工区域灯光照射方向日所有照明灯具增加定向灯罩，重点控制塔式起重机灯光照射方向朝向，满足施工要求照度即可，避免使用大功率照射灯以及照明闪灯，积极主动与机场指挥部及机场塔台管理部门沟通，杜绝灯光影响机场运行或飞机起降的隐患
8	通信工具管理	通信频段不得干扰机场内部通信	通信导航：是指施工原因影响通信通信导航设备正常使用	所有进场的设备均在项目部备案，备案资料包括拆借机械设备进场计划表、机械设备规格、数量、无线电波频率、噪声级别等参数。无线电波超标设备采购进场。由项目部向监理工程师申报并获批准后方可组织采购进场。此项工作由安环部和物资部进行监督管理。确保进场使用的设备严禁人员，需进场使用专人使用，经机场当同意专人进场投入使用后，项目部设专人进行监督管理措施

机场项目的验收

5.1　分项工程验收

按照国家、行业、地方规定及时联系相关单位组织分项验收，分项工程所含的检验批质量均应合格，质量验收记录完整。涉及民航专业工程不在建筑工程十大分部范围内的分项工程验收时，民航专业有规定的检验批及分项验收资料按民航专业规定，民航专业无规定的根据施工内容套用十大分部内的相同内容，无相同内容时根据验收规范自行编制资料验收表格。

5.2　分部工程验收

按照国家、行业、地方规定及时联系相关单位组织分部工程验收，见表5.2-1。

航站楼分部工程验收　　　　　　　　　　表 5.2-1

序号	验收内容	注意事项	验收节点	验收周期（d）
1	地基与基础	桩基检测	基础完工	1～5
2	主体结构	结构实体检测、钢结构焊缝检测	主体完工	1～5
3	建筑装饰装修	室内环境检测	检测完成	1～5
4	建筑屋面	金属屋面抗风揭试验	屋面完工	1～5
5	建筑给水排水及供暖	火灾报警及消防联动系统检测	分部完成	15～30
6	建筑电气	防雷检测	分部完成	1～5
7	智能建筑	智能建筑系统检测	检测完成	1～5
8	通风与空调	风量测试	分部完成	10～30
9	电梯	特种设备监督局电梯安全检测	检测完成	5～30
10	建筑节能	室内外装饰装修节能完成	分部完成	5～30

5.3　单位工程验收

在单位工程验收之前需要按照国家、行业和地方规定及时做好验收准备，充分与相关单位沟通。

机场单位工程可按航站区及飞行区进行区域划分，其中，航站区可划分为航站楼、综合交通枢纽、航站楼高架桥及道路、ITC 信息大楼等多个单位工程进行验收。飞行区根据民航规定单独作为单位工程进行民航验收。

5.4　民航系统行业验收

机场工程申请行业验收应当具备以下条件：

航站楼及配套设施竣工验收完成，完成飞行校验及试飞合格，民航专业弱电系统第三方检测符合设计要求，消防及环保专项验收准许使用或备案，民航专业工程质量监督机构出具工程质量监督报告。

民航机场以实现机场安全及正常运营为目标，包含弱电信息系统和机场运营信息流程。各个部分之间存在着密切关系，施工中要及时针对民航系统及子系统进行专项检测及压力测试，进行单系统调试及系统联合调试，确保实现民航机场弱电信息系统功能要求。民航系统专项验收内容及注意事项等见表 5.4-1。

民航系统专项验收内容及注意事项　　　　　　表 5.4-1

机场民航验收分区 （工程检查组）	系统及子系统验收内容	验收节点及注意事项	验收周期（d）
航站楼	信息集成系统	系统压力检查后、第三方检测完成	20
	航班信息显示系统	系统压力检查后、第三方检测完成	20
	离港控制系统	系统压力检查后、第三方检测完成	20
	公共广播系统	系统压力检查后、第三方检测完成	20
	行李处理系统	行李系统完工、系统压力检查、第三方检测完成	20~40
	安检信息管理系统	系统压力检查后、第三方检测完成	20
	主时钟系统	系统压力检查后、第三方检测完成	20
	内部通信系统	系统压力检查后、第三方检测完成	20
	旅客登机桥及值机引导	系统压力检查后、第三方检测完成	20
	安全检查系统	系统压力检查后、第三方检测完成	20

续表

机场民航验收分区（工程检查组）	系统及子系统验收内容	验收节点及注意事项	验收周期（d）
航站楼	旅客问询系统	系统压力检查后、第三方检测完成	20
	网络交换系统	系统压力检查后、第三方检测完成	20
	呼叫中心	系统压力检查后、第三方检测完成	20
	服务及功能性柜台	设备安装完成后	30
	多功能席位及柜台	设备安装完成后	31
	航站楼旅客流程及标识引导系统	系统压力检查后、第三方检测完成	20
	行李流程及楼内的货运流程	行李系统完工、系统压力检查、第三方检测完成	20~40
空管工程	泊位引导系统	系统压力检查后、第三方检测完成	20
	空管附属设备	完工后	30~60
	气象信息系统	完工后	30~60
	气象雷达	完工后	30~60
	航行情报系统	完工后	30~60
	自动化系统	完工后	30~60
	雷达系统	完工后	30~60
	导航系统	完工后	30~60
	通信网络	完工后	30~60
	无线通信系统	完工后	30
飞行区	机场场道工程	验收完成	30~60
	机场目视助航工程	系统压力检查后、第三方检测完成	30
公安、安检、应急救援	安防、安检工程	系统压力检查后、第三方检测完成	20
	消防、应急救援	消防专项验收后	30
供油工程	油库、加油站工艺设备安装测试	施工完成后	30
其他工程（轨道交通行业专家组评审）	旅客捷运工程	APM施工完成	60~90

5.5 关键工序的专项检测和验收

施工过程及施工结束后应及时进行关键工序专项验收，确保竣工验收提前推进完成，为机场工程行业验收预留时间，见表5.5-1。

航站楼关键工序专项验收内容及注意事项　　　　表 5.5-1

序号	验收内容	注意事项	验收节点	验收周期（d）
1	土石方工程	土方压实度、石方固体体积率、土石方高程、土石方平整度检测	子分部完成	1～5
2	支挡工程	混凝土强度、墙背填土压实度检测	子分部完成	5～30
3	防护工程	混凝土强度、砂浆强度、锚杆、锚索拔力检测	子分部完成	5～30
4	钢结构	焊缝检测	钢结构完工	10～15
5	幕墙专项验收	/	幕墙完工	30
6	消防验收	联调联试	消防完工	30～45
7	市政管网验收	/	试验完成	30
8	园林绿化验收	/	室外完成	30
9	规划验收	/	外装完成	10～15
10	防雷验收	防雷测试	检测完成	1～5
11	室内空气检测	第三方单位进行验收	装饰装修完成	7～15
12	环保验收	第三方单位进行验收	室外工程完成、环保设施试运行 3 个月后	10～15
13	人防验收	通常设置在综合交通枢纽	人防完成	30
14	白蚁防治	第三方单位进行验收	基础施工前、白蚁防治完成	1～5
15	档案馆资料验收	根据当地规范进行	竣工验收前	30

6 案例（杭州萧山国际机场）

6.1 案例背景

杭州萧山国际机场位于浙江省杭州市东部萧山区，钱塘江以东，距离市中心 27km，机场基准点的地理坐标为经度 120° 26′ 04″ E，纬度 30° 13′ 46″ N，为 4F 级民用运输机场，是国内 10 强、华东地区第三大机场，世界百强机场之一，国际定期航班机场、对外开放的一类航空口岸和国际航班备降机场，是浙江省第一空中门户。

杭州萧山国际机场作为长三角机场群中仅次于上海的城市机场，具有成为机场群核心机场之一的发展潜力。特别是 2016 年 G20 峰会在杭州成功举办，杭州城市定位进一步提升，目标为打造亚太地区重要的门户枢纽，国际化提升已成为杭州市重要战略，而机场作为重要支撑举措，加快杭州机场建设发展已列入省、市政府重点工作计划。为了助力长三角世界级机场群的建设，提升区域航空枢纽地位，充分发挥杭州机场在长三角机场群中的重要作用，按照浙江省委省政府关于"拉高标杆，补齐短板，做强做大杭州萧山国际机场龙头"的发展要求，全力做好 2022 年亚运会保障工作，杭州萧山国际机场三期扩建工程的建设至关重要。

根据杭州萧山国际机场总体规划，本期航站区规划为 2030 年 9000 万人次年旅客吞吐量，货邮吞吐量 175 万 t，飞机起降 66 万架次。现有的三个航站楼改造后可服务 4000 万旅客量，新建 T4 航站楼的设计容量为 5000 万人次。根据预测，亚运会前后，杭州机场旅客吞吐量将达到 5000 万人次，T4 航站楼第一阶段的指廊和机位等空侧需求至少应满足 2000 万人次以上，保证亚运会期间全场服务 5000 万人次以上的使用需求。

杭州萧山国际机场三期扩建工程分为两个标段进行建设，采用施工总承包模式，中建八局为I标段施工总承包方。

项目于 2019 年 7 月 15 日开工，合同竣工时间为 2021 年 12 月 31 日，总工期仅900d。相比同类型、同体量工程，本项目建设工期缩短 1～2 年。

本项目组织管理突出特点见表 6.1-1。

本项目组织管理突出特点 表 6.1-1

序号	特点	分析
1	桩基围护施工阶段的管线保护	由于本工程施工主要集中在陆侧进行，场地内涉及市政管线影响范围相对较广，大部分区域的施工条件较为复杂，为保障老航站楼的正常运营，工程建设的施工管理工作压力也相对较大。在施工过程中对地下管线进行必要保护是市政工程项目建设和管理工作的重点问题，由于其施工条件以及外界影响因素的复杂性，在桩基围护施工过程中极容易发生地下管线误损的问题
2	不停航施工管理	本标段工程地处杭州萧山国际机场，场地东侧临近运营的 T1、T2、T3 航站楼及楼前高架，北侧临近现有北跑道，西侧临近浙旅大酒店、综合业务楼和航管楼，南侧临近现有远机位停机坪，周边环境十分复杂，管线多。现场施工对空防安全管理和不停航施工安全管理要求高
3	创优管理	工程创优目标要确保"鲁班奖""绿色三星建筑"，定位非常高，但工程工期紧、施工单体多、技术难度大，项目管控过程中要确保一次成优难度大
4	场内外交通组织管理	受机场运营、相邻地铁区及Ⅱ标段同步施工的交叉影响，本工程的施工对场内外交通组织管理要求非常高，不仅要保证场外保通道路正常通行，还需服务好Ⅱ标段及地铁施工车辆的通行，同时也要保证本标段在施工各阶段场内人、车的正常通行，保障交通道路的通畅从而保证大宗施工材料的按时供应，交通组织管理难度大
5	平面管理	工程工期紧，单体面积大、线性工程长，大面积同步交叉施工，需布置大量加工场、堆场；线性工程两侧可使用堆场面积有限，垂直运输工具主要靠汽车起重机等，线性工程分段施工对现场施工道路有较大影响；卫星厅土建、钢结构、幕墙、屋面穿插进行，土建钢筋、模板、钢管等堆场必须在塔式起重机可覆盖的范围内，占地面积大。钢结构拼装场地和堆场所需用地也很大。机电安装所需大量设备、材料，一般将仓库布置在航站楼内，进入装修阶段后，仓库的占位对装饰施工影响较大。如何进行平面布置和动态调整是工程的重点
6	BIM 及智慧工地管理	本项目施工全过程须采用 BIM 技术，施工过程中同步完成工程 BIM 模型，并协助设计单位深化模型，最终完成竣工 BIM 模型建设。项目 C8BIM 平台应用贯穿施工准备到竣工验收全过程，应用到总承包、分包的全方位管理中。 采用智慧化手段加强施工现场的管理，包括并不限于采用人脸识别技术的劳务管理系统、工地现场视频监控、工地现场环境监控、基坑自动化监测、塔机运行监控、水电节能监测、BIM 应用、VR 体验馆等技术方式

6.2 机 场 概 述

6.2.1 工程概况（表 6.2.1-1）

杭州萧山国际机场三期项目Ⅰ标段工程概况 表 6.2.1-1

工程名称	杭州萧山国际机场三期项目新建航站楼及陆侧交通中心工程主体工程施工总承包Ⅰ标段	工程性质	基础设施

续表

建设规模	新建 T4 航站楼、站前高架桥、萧山机场高铁站等	工程地址		杭州萧山国际机场内
工程造价	825806.8779 万元	总占地面积		22 万 m²
总占地面积	22 万 m²	总建筑面积		66 万 m²
建设单位	杭州萧山国际机场有限公司	项目主要承包范围		基坑围护及土方工程、土建工程、金属屋面工程、钢结构工程、幕墙工程、公区精装修工程、市政工程、机电安装工程
设计单位	华东建筑设计研究院有限公司、浙江省建筑设计研究院、上海市政工程设计研究总院（集团）有限公司、中铁第四勘察设计院集团有限公司			
勘察单位	浙江中材工程勘测设计有限公司	合同要求	质量	合格，争创"鲁班奖"
监理单位	上海建科工程咨询有限公司		工期	900d
施工单位	中国建筑第八工程局有限公司		安全	严格按照《杭州萧山国际机场安全文明施工协议书》规定及《浙江省建筑安全文明施工标准化工地管理办法》要求落实安全施工，杜绝责任事故和伤亡事故发生
开工时间	2019.7.15	竣工时间		2021.12.31
工程主要功能或用途	新建机场航站楼、综合交通中心及相关配套业务用房等			
项目效果图				

6.2.2 关键工期节点（表6.2.2-1）

萧山国际机场三期项目 I 标段关键工期节点　　　　　表 6.2.2-1

序号	节点内容	完成时间
1	项目中标	2019.06.20
2	项目团队正式进场	2019.06.30
3	项目开工	2019.07.15
4	土方开挖	2019.10.31
5	主体混凝土结构	2020.04.30
6	钢结构工程	2021.05.31
7	机电安装工程	2021.11.30
8	金属屋面工程	2021.08.07

续表

序号	节点内容	完成时间
9	幕墙工程	2021.11.30
10	精装修工程	2021.11.09
11	市政工程	2021.10.31
12	绿化工程	2021.10.31
13	专业验收	2021.12.15
14	竣工验收	2021.12.31

6.3　项目实施组织

6.3.1　组织机构

根据机场航站楼项目体量大、工期紧、不停航管理难度大、建设标准高的特点，施工总承包项目组织管理机构分为企业保障层、项目总承包管理层、项目专业分包管理层三个层级，具体见图 6.3.1-1。

项目各层级管理机构职责见表 6.3.1-1。

项目各层级管理机构职责　　　　　　　　　表 6.3.1-1

序号	管理机构	管理职责
1	企业保障层	1）协调企业内、外专家资源，为项目推进提供技术支持； 2）审批项目施工组织设计与重大施工方案； 3）根据需要，参加业主组织的重要会议，与业主高层对接； 4）听取项目管理重大事项的汇报，并决策项目实施过程中的重要问题
2	项目总承包管理层	1）负责项目总体组织与实施，对接业主，统筹现场五个分公司标段及各专业分包的工作； 2）负责项目整体施工组织部署、实施策划工作，负责整个项目的施工资源组织、供给与调配； 3）负责对外关系的协调，包括质监、安监、交通、城管、环卫等政府相关主管部门的沟通与协调，为项目顺利实施提供良好的外部环境； 4）负责施工生产与进度计划的整体管控，监督各区域施工进度与计划实施情况，对现场工期进行跟踪与考核，并采取有效措施确保各节点工期目标的实现； 5）负责与勘察、设计单位的协调与对接，保证勘察、设计进度满足现场施工需求； 6）牵头组织设计优化工作，提出设计优化建议，协助做好商务创效工作； 7）负责组织项目创优与科技管理工作； 8）负责项目统一的计量与支付工作，全面指导项目低成本运营的各项管理工作； 9）负责项目标准化与信息化管理工作，制定统一的内外文件标准； 10）负责制定现场安全文明施工标准，并对安全、文明施工与环境保护情况进行监督检查； 11）负责项目综合管理与后勤保障工作
3	项目专业分包管理层	1）在施工总承包项目部领导下，负责各土建标段及专业单位施工组织及全面管控工作； 2）负责项目各项管理目标的实现； 3）负责现场施工管理及相关工程资料的整理收集工作； 4）负责各自施工区域的安全、质量、技术管理，确保各关键工期节点的顺利实现

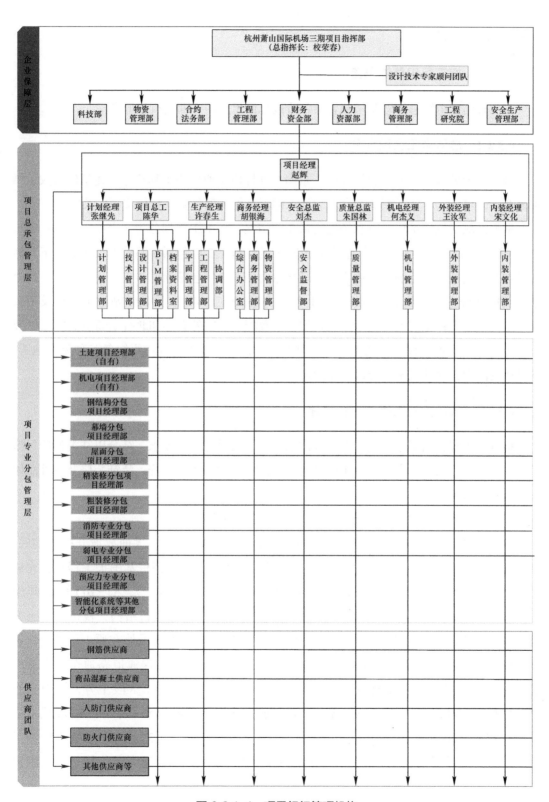

图 6.3.1-1　项目组织管理机构

6.3.2　施工部署

6.3.2.1　施工组织总体思路

本工程施工组织总体思路从部署及各阶段总体思路两方面进行充分考虑。

6.3.2.2　总体施工区段划分

该工程地处营运中的萧山机场内，东侧与Ⅱ标段交通中心工程相连，建筑体量大，结构复杂，工序多，总体工期紧，合理的施工部署是保证项目管理目标实现的关键。

根据区域建筑物结构特点和场地交通受制情况，将本工程划分为 5 个施工区段：施工 1 区包括北长廊、北指廊及北行李通道 NX-3 区；施工 2 区包括航站楼主楼北侧地下、地上结构及航站楼覆盖范围内的地铁上盖结构等；施工 3 区包括航站楼主楼南侧地下、地上结构及航站楼主楼覆盖范围内的高铁上盖结构等；施工 4 区包括高铁站地下结构及南长廊、南行李通道；施工 5 区包括站前高架、市政配套、室外总体和北行李通道 NX-2 区及承包范围内的其他工程。各施工区段相对独立，在具备施工条件后组织各工种流水施工，同时相互配合，保证施工资源最优化配置。

6.3.2.3　各阶段施工组织总体思路

根据本工程目前周边环境、自身限制条件及有关设计文件要求，结合以往类似项目施工经验，本工程按照土方开挖、主体结构、屋面钢结构、砌体工程、装饰装修及室外总体五个阶段进行施工组织。

1. 土方开挖施工阶段总体思路

航站楼核心区土方开挖顺序为：先行开挖 A1-1、A1-2 段，大面放坡开挖至基底，施作底板及主体结构；在上述浅区地下主体结构施工开始时，待桩基围护工程施工完成后，开挖周边落深区（A1-3、A-4、A1-5、A1-6、A1-7、A1-9、A1-10 段），其中 A1-5 段根据设计要求先开挖至首道支撑栈桥底标高施作支撑栈桥结构，栈桥以下土方待高铁 G-A1 区地下中板结构施工完成后继续开挖；另外 A1-8 段处在原 1 号路上，该段暂时预留不挖作为交通中心施工道路，待外围北侧新翻交北保通道路通车、交通中心区域施工车辆倒改至现有原北保通道路上进出场地后开挖 A1-8 段土方，进而施作基础底板及主体结构等；A2 区、A3-4 段土方根据设计要求在 A1-9、A1-10 段地下主体结构出 ±0.000 后（2020 年春节后）开挖土方（在 A2 区、A3-4 段开挖前地铁施工单位中铁二局需提前在 2019 年 10 月上旬移交 A2 区场地，以便笔者单位施工桩基围护工程）。

高铁站区土方开挖根据设计要求先行开挖 G-A1 区（与航站楼核心区土方开挖基本同

步实施），待 G-A1 区地下主体结构出 ±0.000 后开挖 G-A2 区，G-B、G-C 区在相邻基坑满足相应设计条件后先后组织开挖。

南长廊区域根据目前业主场地移交计划先行开挖西段 S1～S5 段，待后续现有钢便桥拆除、T2 航站楼机坪退界、5 号路 VIP 通道倒改等完成后开始施工南长廊东段 S6～S12 桩基围护工程，进而进行土方开挖施工等。南行李通道 SX-2 段经各方确认后期施工，本施工组织设计不考虑；SX-1 段根据设计要求在相邻区域地下结构出 ±0.000 后再结合南保通道路的倒改分段穿插施工桩基围护、土方等。

北长廊指廊区域根据现场施工条件先行开挖北一、北二指廊（N2-1、N3-1 段），施作基础及主体结构；北三指廊待中航油库场地移交笔者单位后（预计 2020 年春节前）开始施工桩基围护、土方等工程；北长廊区域待新翻交北保通道路通车、先机场大巴离场道路移交、T3 航站楼机坪围界退界后（预计 2019 年 11 月中下旬）笔者单位开始开挖北长廊共同沟基坑，其中 N5-1、N9-2 段由于新翻交北保通道路影响需待新翻交北保通道路拆除后开始基坑施工；北行李通道 NX-2、NX-3 段需待相邻基坑（NX-1、N6 段）施工结构出 ±0.000 后，结合东西联络通道的交通组织进行基坑开挖施工等。

市政配套工程综合管廊、站前高架、1 号路下穿车道、5 号泵站等基坑的开挖根据总体场地施工道路条件，先局部后整体进行施工。其中管廊 1 区、管廊 4 区、站前高架东区与航站楼核心区基坑同步进行施工，管廊 6、7 区与相应南北长廊基坑同步进行施工，管廊 3 区及 1 号路下穿车道待航站楼核心区钢结构屋面吊装完成后根据场地施工道路条件分段进行基坑土方开挖等施工。

2. 主体结构施工阶段总体思路

主体结构施工阶段根据 5 个施工分区同步展开施工，各施工分区在考虑横向联系的情况下主体结构施工按照基坑开挖顺序进行正常流水施工；根据总体施工组织流程安排，本工程主体结构分三大段移交钢结构屋面工程进行后续施工阶段施工：第一大段为航站楼核心区 A1-1、A1-2、A1-3、A1-4、A1-6、A1-7、A1-8、A1-9、A1-10 段以及北一、北二指廊在 2020 年 3 月 30 日前土建结构封顶（17.250m/15.600m 层），移交钢结构专业单位进行后续施工；第二大段为航站楼核心区 A1-5、A1-11、A1-12、A1-13、A2 段以及剩余南北长廊指廊区域在 2020 年 6 月 30 日前土建结构封顶（17.250m/15.600m 层），移交钢结构专业单位进行后续施工；第三大段为航站楼核心区 A3-1、A3-2、A3-3、A3-4、A3-5 段（航站楼地铁上盖区）在 2020 年 8 月 30 日土建结构封顶（17.250m/15.600m 层），移交钢结构专业单位进行后续施工。

施工 5 区市政道路及站前高架根据航站楼主体施工完成情况先局部施工后整体施工，其中站前高架东区主体结构需待航站楼核心区钢结构屋面工程整体提升、卸载完后开始施工。

3. 屋面钢结构施工阶段总体思路

根据土建施工交付顺序，大厅屋盖网架（航站楼主楼）施工分为 5 个提升区段，施工顺序为 TS1 区→TS5 区→TS4 区→TS3 区→TS2 区。主楼提升区屋盖网架利用 25t 汽车起重机和 50t 汽车起重机在四层楼面和地面区域进行拼装。钢结构的西侧上料采用汽车起重机，TS1 区施工时，西侧部分柱帽吊装及上料采用 1 台 400t 履带起重机，东侧上料采用 2 台 100t 汽车起重机。外围悬挑钢结构在地面进行拼装，西侧主要原位拼装提升后，和楼面上的钢结构连成整块再进行提升。东侧悬挑部分采用 2 台 100t 履带起重机分块吊装进行拼装。

本工程指廊共分为三个施工区段，分别为北一指廊（NG-1 段）、北二指廊（NG-2 段）、北三指廊（NG-3 段）。钢管柱主要采用 80t 履带起重机分段吊装的施工方法施工，屋盖大跨度钢梁分段加工，现场拼装，采用 250t 履带起重机整根吊装。钢结构施工方向：由靠近长廊一端向指廊另一端进行施工。

本工程共有南北两条长廊，北长廊分为 5 个施工区段（NG-4～NG-8），南长廊分为 3 个施工区段（SG-1～SG-3）。NG-6 及 SG-3 段钢柱采用 STT293 塔式起重机和 80t 汽车起重机进行吊装，网架主要采用汽车起重机进行楼面拼装，整体提升。其他区段钢柱采用汽车起重机吊装，屋盖采用履带起重机吊装。钢结构整体施工方向为从中间向两边。

4. 砌体工程施工阶段总体思路

穿插于主体结构工程施工过程中施工。

5. 装饰装修及室外总体施工阶段总体思路

本工程装饰装修、机电安装、金属屋面、幕墙安装、室外总体等专业工程分区段穿插进行施工。

6.3.3　协同组织

6.3.3.1　设计与施工组织协同

1. 建立设计协调例会制度

项目出图及深化阶段，每周五上午组织业主单位、设计单位、监理单位、总承包单位及专业分包单位召开设计协调例会，前期主要解决出图问题和各专业图纸深化问题，后期主要解决施工过程中的设计问题；参会前由总承包技术管理部指派专人负责收集各专业单位及各土建标段的设计协调事项，并进行初步审核，审核完成后通过项目公共邮箱将设计协调事项发予业主单位及设计单位，以便安排相关设计工程师参会。每次设计协调例会形成会议纪要由业主单位负责整理并发各参会单位进行签收确认。

2. 建立图纸会审制度

项目定期组织各专业图纸会审,由业主单位、设计单位、监理单位、总承包单位、专业单位参加,由设计单位对总承包单位及专业单位对图纸的一些疑问进行解答,并形成图纸会审记录,经专业单位、总承包单位、设计单位、监理单位、业主单位流转审批盖章后,各自存档。

3. 技术核定与图纸变更管理

项目施工期间,如遇到设计与实际施工工况不符,需要进行设计变更,各专业单位可与设计协商一致后编制技术核定单。技术核定单须经业主单位、设计单位、监理单位、总承包单位、专业单位共同确认方为有效。

如设计存在缺陷,若设计缺陷不涉及主体结构安全,可经由图纸会审对相关设计问题进行确认修改,若设计缺陷较为严重,由总承包单位向业主单位发文提醒进行设计变更。

6.3.3.2 BIM 与施工组织协同

1. BIM 施工日报

本工程施工期间应用 C8BIM 平台建立项目 BIM 模型,施工总承包和五个施工分区各设一名日报专员,由五个施工分区的日报专员负责每日在共同的模型上更新各自施工区域的当日施工内容,施工总承包日报专员负责每日整理,并于第二天早上八点将前一天的 BIM 日报发至项目管理微信群,以便项目管理人员了解实时施工进度,方便当天施工任务的安排,项目 BIM 日报如图 6.3.3-1 所示。

2. BIM 交通组织模拟

本工程施工期间须保证杭州萧山国际机场的不停航运营,交通组织压力大。为保证工程项目的顺利进行,项目根据不同施工阶段的工况对南北保通道路进行多次导改。项目结合 BIM 技术对导改后的保通道路进行模拟,如图 6.3.3-2 所示,直观地展示了整条线路的线形、交通设施布置及线路沿途周边情况。

3. 复杂节点、关键工序 BIM 模拟技术应用

本工程地下空间开发(高铁站)与地上建筑的衔接,采用巨型转换梁、转换柱中型钢与混凝土结构组合作为传力转换构件。施工时,交叉点多,钢筋密度大,主筋多排设置,间距较小,同时部分主筋还要在型钢梁底下狭小空间内布置;箍筋种类多,又受到型钢的限制,与普通混凝土柱钢筋绑扎工艺流程差别较大。梁主筋在柱交叉部位要相互错开,节点位置钢筋复杂,施工存在诸多困难。

本工程工期紧张,单个转换梁混凝土用量为 $581.2m^3$,单个转换柱混凝土用量为 $95.6m^3$,单根钢筋直径最大达到 36mm,施工困难,操作空间小,模板支设难度大。

针对转换梁、转换柱的施工特点,我们在施工前进行前期策划,提前通过 BIM 模拟

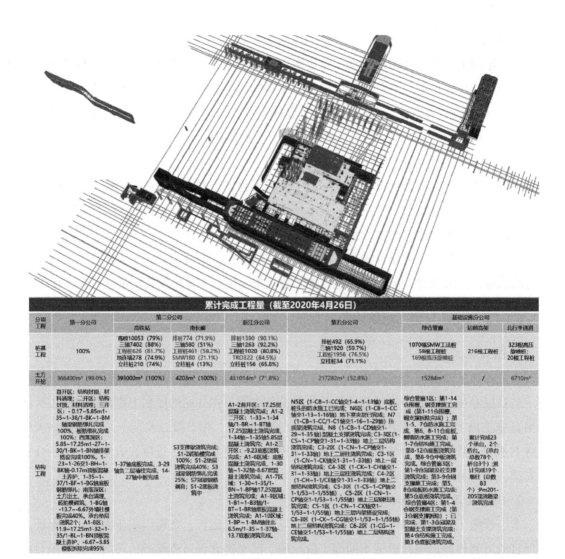

图 6.3.3-1　BIM 日报

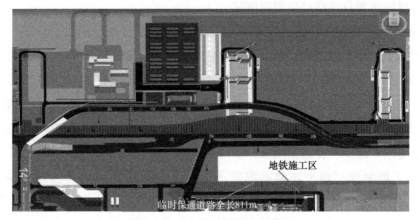

地铁施工区

临时保通道路全长811m

图 6.3.3-2　临时保通道路模拟

进行钢筋放样、优化，以确保节点施工质量。

转换梁、转换柱效果见图 6.3.3-3。

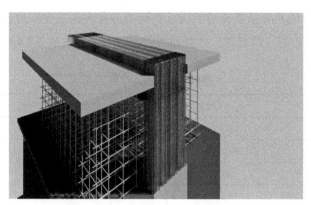

图 6.3.3-3　转换梁、转换柱效果

6.3.4　资源配置

6.3.4.1　劳动力配备计划

施工劳务层是在施工过程中的实际操作人员，是施工质量、进度、安全、文明施工的最直接的保证者。为了保证优质、安全、快速地完成施工生产任务，依据本工程工期总体管理目标，结合施工部署及施工进度计划安排，本工程高峰期拟投入劳动力 7158 人。具体各个施工阶段劳动力安排柱状图详见图 6.3.4-1。

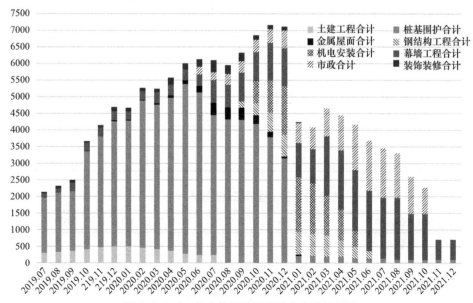

图 6.3.4-1　各个施工阶段劳动力安排柱状图

6.3.4.2　主要施工机械配备计划

本工程施工机械设备需求量极大，尤其是塔式起重机等大型机械设备，需要提前落实，确保本工程开工时，塔式起重机按时到场；在施工过程中，也要做好机械设备的维修和保养工作，确保其处于良好工作状态。主要机械设备投入计划见表6.3.4-1~表6.3.4-10。

大型机械设备投入计划　　　　　　　　　表6.3.4-1

序号	机械设备名称	型号规格	数量（台）	额定功率（kW）	用于施工部位
1	工程钻机	GPS—10	10	37	桩基施工
2	旋挖钻机	SR360/SR285R	22	/	桩基施工
3	三轴搅拌桩机	JB160A	2	300	基坑支护
4	固定式塔式起重机	T7020	12	56	航站楼主楼及南北长廊
5	固定式塔式起重机	7517	4	97.5	航站楼主楼及南北长廊
6	固定式塔式起重机	6513	14	37	航站楼主楼及南北长廊
7	塔式起重机	ZSL1600	1	37	航站楼主楼及南北长廊
8	履带起重机	SCC6300	1	/	航站楼钢结构施工
9	履带起重机	SCC3200	2	/	航站楼钢结构施工
10	履带起重机	SCC1000	2	/	航站楼钢结构施工
11	履带起重机	SCC1500	2	/	航站楼钢结构施工
12	履带起重机	SCC2500	2	/	航站楼钢结构施工
13	履带起重机	SCC500	4	/	航站楼钢结构施工
14	汽车起重机	AC200	1	/	航站楼钢结构施工
15	汽车起重机	AC100	2	/	航站楼钢结构施工
16	汽车起重机	AC50	14	/	航站楼钢结构施工
17	汽车起重机	QY25	30	/	航站楼钢结构施工
18	汽车起重机	QY80	4	/	航站楼钢结构施工
19	汽车起重机	QY150	4	/	航站楼钢结构施工
20	履带起重机	QUY80	2	/	航站楼钢结构施工
21	人货电梯	SCC200—200	21	63	航站楼施工

桩基与围护工程机械设备投入计划　　　　　表6.3.4-2

序号	机械设备名称	型号规格	数量（台）	额定功率（kW）	用于施工部位
1	工程钻机	GPS—10	10	37	桩基施工
2	旋挖钻机	SR360/SR285R	22	/	桩基施工
3	三轴搅拌桩机	JB160A	2	300	基坑支护
4	电焊机	BX1—500	20	5.5	钢筋连接

续表

序号	机械设备名称	型号规格	数量（台）	额定功率（kW）	用于施工部位
5	钢筋弯曲机	GW40	3	3	钢筋加工
6	钢筋切断机	GQ40	3	3	钢筋加工
7	泥浆泵	3PNL	15	3	桩基施工
8	排浆泵	3PL—250	15	3	桩基施工
9	泥浆分离器	ZX—200	3	58	桩基施工
10	挖掘机	PC200	8	/	土方施工

土方开挖与支撑施工机械设备投入计划 表 6.3.4-3

序号	机械设备名称	型号规格	数量（台）	额定功率（kW）	用于施工部位
1	长臂挖掘机	PC450LC—6	10	/	土方施工
2	挖掘机	PC300	30	/	土方施工
3	挖掘机	PC60—7	20	/	土方施工
4	渣土车	10m³	130	/	土方施工
5	钢筋切断机	GQ40	5	3	钢筋加工
6	钢筋弯曲机	GW40	5	3	钢筋加工
7	电焊机	BX1—500	20	5.5	钢筋连接
8	抢险设备集装箱	ZZ03—0	1	/	事故抢险
9	抢险材料集装箱	ZZ05—0	1	/	事故抢险
10	空压机	1.5HP 型	4	0.75	焊接
11	吊车	QY16	4	/	材料运输
12	卡车	20t	2	/	材料运输
13	清水泵	160kW	2	160	水冲泵送
14	泥浆泵	22kW	6	22	水冲泵送
15	增压泵	280kW	4	280	水冲泵送
16	液压钢丝绳抓斗	1.8m³	8	/	土方施工

土建施工机械设备投入计划 表 6.3.4-4

序号	机械设备名称	型号规格	数量（台）	额定功率（kW）	施工部位
1	混凝土汽车输送泵	SY5418THB 560C—8	12	287	混凝土施工
2	混凝土拖式输送泵	HBT8018C—5D	12	186	混凝土施工
3	布料机	HGY18	12	4	混凝土施工
4	插入式振捣棒	PZ—50	120	1.5	混凝土浇筑
5	平板振动器	SYMBOLS	20	1.5	混凝土浇筑
6	恒温恒湿控制器	PSC234RTH	3	1.5	混凝土养护

续表

序号	机械设备名称	型号规格	数量（台）	额定功率（kW）	施工部位
7	混凝土面收光机	ϕ1m	20	1	混凝土浇筑
8	混凝土吊斗	1m³	31	/	混凝土浇筑
9	钢筋调直机	GT8B	10	10	钢筋加工
10	钢筋切断机	GQ40—A	30	10	钢筋加工
11	直螺纹自动加工生产线	FICEP—C	2	18	钢筋加工
12	数控调直钢筋切断机	GQ40—A	20	10	钢筋加工
13	钢筋弯曲机	GW40	20	3	钢筋加工
14	钢筋弯箍机	WG12D—1	10	3	钢筋加工
15	全自动钢筋弯箍机	GF8	8	8	钢筋加工
16	砂轮切断机	J3GY—LDL—400A	16	2.2	钢筋加工
17	直螺纹套丝机	GSJ—40	32	3	钢筋加工
18	交流电焊机	BX500	16	37.5	钢筋加工
19	焊条烘干箱	XYZH—100	10	10	焊条
20	手提电刨	MIB2—80/1	120	0.7	模板工程
21	单面压刨机	MB105A	20	4	模板工程
22	木工平刨	MB503A	24	5	模板工程
23	木工圆锯机	MJ—104	30	2.5	模板工程
24	小千斤顶	26t	16	/	预应力工程
25	大千斤顶	YCQ350	6	/	预应力工程
26	大油泵	ZB4—500	28	0.8	预应力工程
27	灌浆泵	J2GG	4	1.2	预应力工程
28	搅拌机	GRW12E	10	0.8	预应力工程
29	挤压机	GYJA—45	6	45	预应力工程
30	切割机	Y90L—2	24	1.2	预应力工程
31	手持角磨机	BOSH100	16	0.3	预应力工程
32	电焊机	380V	80	7.5	焊接
33	砂浆罐	AK—20	35	3	砌体工程
34	水泵	50GW2—1.5	150	1.5	排水及临时用水
35	柴油发电机	500kVA	5	85	临电备用
36	叉车	CQ1560	5	/	构件材料倒运
37	13.5m平板车	DP200	20	/	构件材料倒运
38	发电机组	630kVA	4	630	临电布置
39	箱式变压器	2000kVA	5	2000	临电布置

续表

序号	机械设备名称	型号规格	数量（台）	额定功率（kW）	施工部位
40	一级配电柜	1500kVA	6	1500	临电布置
41	二级配电柜	630kVA	12	630	临电布置
42	开关箱	200kVA	79	200	临电布置
43	人货电梯	SCC200—200	21	63	航站楼施工

钢结构施工机械设备投入计划　　　　　表 6.3.4-5

序号	机械设备名称	型号规格	数量（台）	额定功率（kW）	用于施工部位
1	汽车起重机	AC200	1	/	航站楼钢结构施工
2	汽车起重机	AC100	2	/	航站楼钢结构施工
3	汽车起重机	AC50	14	/	航站楼钢结构施工
4	汽车起重机	QY25	30	/	航站楼钢结构施工
5	汽车起重机	QY80	4	/	航站楼钢结构施工
6	汽车起重机	QY150	4	/	航站楼钢结构施工
7	履带起重机	SCC6300	1	/	航站楼钢结构施工
8	履带起重机	SCC3200	2	/	航站楼钢结构施工
9	履带起重机	SCC1500	2	/	航站楼钢结构施工
10	履带起重机	SCC1500	2	/	航站楼钢结构施工
11	履带起重机	SCC2500	2	/	航站楼钢结构施工
12	履带起重机	SCC500	4	/	航站楼钢结构施工
13	履带起重机	QUY80	2	/	航站楼钢结构施工
14	板车	13.5m	4	/	构件倒运
15	CO₂ 气体保护焊机	NB—500	40	24	钢结构焊接
16	手工电弧焊机	ZX—500	20	33	钢结构焊接
17	曲臂机	GTZZ24Z	10	/	防火涂料施工
18	捯链	10t	20	2	安装调整
19	千斤顶	15t	20	/	安装调整
20	千斤顶	10t	40	/	安装调整
21	涂料喷涂设备	SF150	10	0.5	涂料施工
22	空压机	ZV—10/1.0	10	7.5	气刨、喷涂
23	叉车	H2000—7	4	/	主楼内构件运输

幕墙施工机械设备投入计划　　　　　表 6.3.4-6

序号	机械设备名称	型号规格	数量（台）	额定功率（kW）	用于施工部位
1	电动角磨机	日立 G13SD	400	0.8	幕墙施工

续表

序号	机械设备名称	型号规格	数量（台）	额定功率（kW）	用于施工部位
2	型材切割机	牧田 2414NB	25	2	幕墙施工
3	云石切割机	日立 CM4SB2	500	1.32	幕墙施工
4	气割工具	HJ0001/G01—30	25	/	幕墙施工
5	电动开槽机	日立 PG21SA	100	1.14	幕墙施工
6	自攻钻	DZ1319	750	0.35	幕墙施工
7	手电钻	日立 FD10VA	600	0.35	幕墙施工
8	冲击钻	博世 GBH2S	350	0.5	幕墙施工
9	电锤	博世 4DSC	600	0.75	幕墙施工
10	台钻	SB4030A	50	2.5	幕墙施工
11	电焊机	ZX7—160 型	260	7	幕墙施工
12	氩弧焊机	WS—200A	30	4.5	幕墙施工
13	空压机	葆德 BD—2HP	50	1.5	幕墙施工
14	电动吸盘	ENTEC ENFU800	25	2	幕墙施工
15	手动液压拖车	Cheuk's ACD50	60	/	幕墙施工
16	叉车	NOBLIFT CQ1560	30	/	幕墙施工
17	汽车起重机	中联重科	17	/	幕墙施工
18	吊篮	ZLP610 型	160	3	幕墙施工
19	捯链	Dotti DC—Bas	100	2	幕墙施工
20	曲臂车	A16JE	17	/	幕墙施工

金属屋面施工机械设备投入计划　　　　表 6.3.4-7

序号	机械设备名称	型号规格	数量（台）	额定功率（kW）	用于施工部位
1	汽车起重机	50t	2	/	材料吊装
2	汽车起重机	25t	4	/	材料吊装
3	屋面板压型机	YX18—63.5—836	4	5	屋面板加工
4	自卸吊车	10t	1	5	材料卸车
5	4 轮平衡叉车	5t	3	/	材料倒运
6	卷扬机	5t	20	20	材料吊装
7	移动曲臂高空车	50m	9	/	檐口清洗
8	钢材切割机	3000W	9	1.2	钢材切割
9	台钻	1000W	6	3	钢材打孔
10	冲床	120t	3	2.5	冲孔
11	底板压型机	NEC—100	4	2	底板加工
12	悬臂吊	3t	5	6	吊装

续表

序号	机械设备名称	型号规格	数量(台)	额定功率(kW)	用于施工部位
13	电动锁边机	YX65—400	15	0.4	金属屋面锁边
14	热风焊接机	7001B	20	0.75	防水卷材焊接
15	手枪钻	500W	100	0.35	打钉/钻孔
16	角磨机	500W	20	0.75	除锈打磨
17	直流电焊机	500A	30	7	材料焊接
18	氩弧焊机	300A	9	4.5	不锈钢焊接
19	电动拉铆枪	500W	6	0.4	板材固定

精装修施工机械设备投入计划　　　　表6.3.4-8

序号	机械设备名称	型号规格	数量(台)	额定功率(kW)	用于施工部位
1	电焊机	ZX7—160	60	7	焊接
2	氩弧焊机	WS—200A	30	4.5	焊接
3	空压机	1.5HP 型	10	0.75	焊接、涂装
4	曲线锯	PMS400PE	12	0.5	切割
5	手提电锯	513N	40	1.75	切割
6	电圆锯	日立 C9	20	1.75	切割
7	型材切割机	牧田 2414NB	60	2	切割
8	金属切割机	1030 型	60	2.2	切割
9	金属开孔器	中凯 K—144	30	0.75	打孔
10	吊顶枪	圣帝欧 SDO—S5000	80	0.75	打孔固定
11	云石切割机	110mm	200	0.85	石材切割
12	石材打孔器	博世 14150C1	40	2	石材打孔
13	气割工具	HJ0001/G01—30	30	/	切割
14	角向抛光机	G10SF	40	0.5	修边倒角
15	手提磨石机	HS10N	50	1	地面打磨
16	电动角磨机	日立 G13SD	25	0.76	地面打磨
17	磨抛光两用机	日立 SAT180	20	0.75	打磨抛光
18	无尘腻子打磨机	GT810—2	20	0.75	墙面打磨
19	电剪刀	日立 CE16SA	35	0.4	剪切
20	电动拉铆枪	PIM—SA3—5	60	0.4	拉铆固定
21	电动扳手	P1B—FF—22C	70	0.62	螺栓安装
22	电动搅拌机	博世 GRW12E	30	1.2	腻子搅拌
23	自流平搅拌机	JZC300	25	5.5	搅拌
24	电锤	TC—90	60	0.75	打孔

序号	机械设备名称	型号规格	数量（台）	额定功率（kW）	用于施工部位
25	电镐	日立 PH65A	30	1.25	开槽
26	手电钻	FD10VA	200	0.35	打孔
27	自攻钻	6800PBV	180	0.35	打孔
28	台钻	ZC400—8A	45	2.25	打孔
29	喷枪	W77	40	0.5	涂料喷涂
30	嵌缝枪	WR78	30	0.4	修缝
31	修边机	Bosch100	15	0.55	倒角修边
32	压线钳	CR—240	18	/	电线连接
33	吸尘器	高登牌 GD3000	20	3	保洁
34	牵引式液压升降台	XI—003	20	/	操作平台
35	液压平板推车	泰得力 CT20S	18	/	材料运输
36	叉车	龙工 LG60DT	8	/	材料运输
37	捯链	摩睿	25	3	材料运输
38	曲臂车	GTZZ25J	10	/	操作平台
39	汽车起重机	徐工 XCT25L5	4	/	材料运输

机电安装施工机械设备投入计划 表 6.3.4-9

序号	机械设备名称	型号规格	数量（台）	额定功率（kW）	用于施工部位
1	交流弧焊机	BX3—500—2	19	30	给水排水、暖通、吊装
2	交流弧焊机	20kVA	54	20	给水排水、暖通、吊装
3	直流弧焊机	BX3—300	8	20	给水排水、暖通、吊装
4	氩弧焊机	TIG—200	6	4.4	给水排水、暖通、吊装
5	等离子切割机	KC—80	16	16	给水排水、暖通、吊装
6	焊条烘干箱	YZH2—150	16	2.5	给水排水、暖通、吊装
7	焊条恒温箱	YZH4—200	16	0.5	给水排水、暖通、吊装
8	砂轮切割机	ϕ500	40	2.5	给水排水、暖通、吊装、电气
9	砂轮切割机	400 型	60	2	给水排水、暖通、吊装、电气
10	型材切割机	1030 型	28	2	给水排水、暖通、吊装
11	角向磨光机	ϕ100	60	2	给水排水、暖通、吊装
12	台钻	EQ3025	25	0.5	给水排水、电气
13	电锤	ZIC1—16	140	0.5	给水排水
14	冲击钻	20—2 型	112	0.5	给水排水
15	磁力电钻	ϕ5—32 B2—32Ⅱ	14	0.5	给水排水
16	HDPE 热熔机	V200	4	3.0	给水排水

续表

序号	机械设备名称	型号规格	数量（台）	额定功率（kW）	用于施工部位
17	HDPE 热熔机	V160	4	2.5	给水排水
18	管道沟槽机	GDC—500	16	1.2	给水排水
19	电动套丝机	CN—60A	36	1	给水排水、暖通、吊装
20	电动试压泵	4D—SY/35	20	30	给水排水、暖通、吊装
21	液压开孔器	ϕ15—80mm	40	/	给水排水、配电箱开孔
22	电动管道坡口机	ISY—630—I	8	1	给水排水、暖通、吊装
23	电动管道坡口机	ISY—351—I	8	1	给水排水、暖通、吊装
24	手动弯管器	HHW—25S	80	/	弯管
25	盒尺	5m	120	/	测量长度定位
26	电动套丝机	SQ50B1	30	1	镀锌管加工
27	手动套丝机	Q92—1	20	/	镀锌管加工
28	液压开孔器	SKP—15	10	/	加工
29	水平仪	TQ—12	20	/	水平度
30	液压弯管器	DB4—1.5—2	8	/	电气安装
31	电焊机	ZX7—250K	20	3	电气安装
32	绝缘电阻测试仪	GH—6303A	12	/	电气绝缘测试
33	压线钳	NW—36—1	30	/	电气安装
34	手枪钻	500W	60	0.5	电气安装
35	喷枪	W77	40	0.5	电气安装
36	液压压线钳	10～185mm^2	36	2	电缆头制作
37	汽车起重机	100t	1	/	暖通、吊装
38	载重汽车	20t	2	/	暖通、吊装
39	叉车	CPCD5t	4	/	暖通、吊装
40	电动卷扬机	50kN	12	20	暖通、吊装、电气
41	液压升降台	ZSJY0.3—8	20	/	暖通、吊装
42	曲臂车	GTZZ25J	8	/	暖通、吊装
43	空气压缩机	VF—6/7	4	30	暖通、吊装
44	手摇卷板机	SF—420	4	/	保温保护层
45	卷板机	δ =0.5～1.2mm	4	20	风管
46	单平咬口机	δ =0.5～1.2mm	4	1.5	风管
47	联合咬口机	δ =0.8～4mm	4	1.5	风管
48	折方机	δ =0.5～1.2mm	4	0.55	风管
49	气动风管合缝机	HFJ—1	4	2	风管
50	高压无气喷涂机	395ST	6	0.5	管道油漆

市政工程施工机械设备投入计划　　　　　　表 6.3.4-10

序号	机械设备名称	型号规格	数量（台）	额定功率（kW）	用于施工部位
1	液压锤	PC200	1	/	凿除墩身及承台、破除地面
2	电镐	2kW	15	2	凿除小型构件及零星部位
3	金刚石圆盘锯	1000 型	4	30	切割混凝土梁板等
4	金刚石薄壁钻	ϕ100mm	5	10	钻孔
5	吊车	20t	1	/	吊装
6	平板车	12m	1	/	运输
7	钢筋弯曲机	GW40	1	3	集中加工钢筋
8	装载机	ZL50—3m	3	/	3 个施工区域各一台
9	挖掘机	220	2	/	用于基坑开挖
10	压路机	20t	3	/	地基处理、回填
11	插入式振捣棒	PZ—50	20	1.5	预应力梁
12	平板振捣器	SYMBOLS	6	1.5	预应力梁
13	磨光机	手推型	10	2	桥面收面
14	三辊轴振捣梁	HA100—2	1	5.5	桥面混凝土铺装
15	张拉压浆设备	700A	4	12	预应力施工
16	履带起重机	250t	1	/	吊装
17	钢筋切断机	GQ40—A	1	10	集中加工钢筋

6.3.4.3　主要周转料具投入计划

本工程主要周转料具投入计划见表 6.3.4-11。

主要周转料具投入计划　　　　　　表 6.3.4-11

序号	材料名称	规格	单位	需用量	备注
1	扣件式钢管	ϕ48mm × 3.0mm	m	121950	土建施工
2	扣件	直角、旋转、对接	个	66246	土建施工
3	"U" 形顶托	ϕ38mm × 600~750mm	个	370372	土建施工
4	底座	0~300mm	个	370372	土建施工
5	承插型盘扣式脚手架	B 型	m	7923964	土建施工
6	木模板	18mm 厚 15mm 厚	m²	750000	土建施工
7	圆柱模板	22mm 厚 18mm 厚	m²	145000	土建施工
8	木方	50mm × 100mm 100mm × 100mm	m³	13350	土建施工

续表

序号	材料名称	规格	单位	需用量	备注
9	防护网	2000 目	m^2	103150	土建施工
10	定型化防护	1.2m × 2m	m	110000	土建施工
11	临时支撑	1.5m × 1.5m	m	270000	钢结构施工
12	钢板	20mm	m^2	1000	钢结构施工
13	钢结构支撑胎架	1.2m × 1.2m	m	4500	钢结构施工
14	钢结构网架拼装胎架	$\phi351mm × 14mm$	m	2400	钢结构施工
15	提升架	1.5m × 1.5m	m	3200	钢结构施工
16	碗扣式满堂脚手架	$\phi48mm × 3.5mm$	m	750000	市政施工
17	钢管柱支架	$\phi609mm × 16mm$	m	6478	市政施工

6.3.4.4 主要工程材料投入计划

本工程主要工程材料投入计划见表 6.3.4-12。

主要工程材料投入计划 表 6.3.4-12

单位(项)工程名称	物资名称	估计量	进场时间确定
杭州萧山国际机场三期项目新建航站楼及陆侧交通中心工程主体工程施工总承包 I 标段	钢筋	159090t	2018.10
	模板	1795135m^2	2019.8
	混凝土	1261749m^3	2018.10
	砌体	83015m^3	2019.8
	钢材	92396t	2018.10
	幕墙玻璃	210731m^2	2019.11

6.4 高效建造技术

6.4.1 桩基围护施工阶段技术

6.4.1.1 泥浆固化处理技术

本工程桩基围护施工阶段施工内容包括约 8700 根钻孔灌注桩,超深地下连续墙 365 幅,以及大量三轴搅拌桩及高压旋喷桩等。整个桩基及围护工程预计产生 120 万 m^3 泥浆。由于桩基工程和土方开挖穿插施工,本工程总土方量约 300 万 m^3,为保证土方开挖进度,须确保高峰期每日出土超过 1 万 m^3,而施工车辆只能通过机场 13 号路(双向两车道)出入,交通压力极大,基于工期、成本及环境保护等方面综合考虑,该工程采用泥浆固化处理技术对施工过程中产生的泥浆进行固化处理。

根据施工场地区域划分，每个区域设置一个泥浆收集池，通过封闭式管道并沿途设置泥浆增压泵，将场内泥浆全部运输至北指廊大型泥浆归集池，然后经过分配和输送设施送入泥浆调理系统，加入辅助固化、稳定、泥浆脱水剂等药剂，最后泵入土工管袋中。经过重力泥水分离后，分子水大部分自然分离，1h内可以实现45%左右含水率的污泥脱水工序。具体见图 6.4.1-1、图 6.4.1-2。

图 6.4.1-1　土工管袋安装及脱水固结　　　　图 6.4.1-2　脱水固结后效果

该技术的应用大幅度减少了泥浆运输车辆（每天减少约 1000 台车辆进出），通过泵送管道直接将泥浆输送至场内泥浆处理系统，不占用机场交通，极大地缓解了机场交通压力，确保机场交通正常运行，同时降低了环境污染的风险。

6.4.1.2　型钢水泥土复合搅拌桩支护结构技术

本工程基坑围护结构中部分采用型钢水泥土复合搅拌桩，其中 SMW 工法桩约 4074 幅，TRD 插型钢连续墙约 106m。在水泥土初凝之前，将型钢插入，形成型钢与水泥土的复合墙体，使型钢搅拌桩支护结构同时具有抵抗侧向土水压力和阻止地下水渗漏的功能，从而避免了在水泥土搅拌桩后施工围护排桩，节省了工期、成本及现场作业面。具体见图 6.4.1-3、图 6.4.1-4。

图 6.4.1-3　SMW 工法桩图　　　　　　图 6.4.1-4　TRD 插型钢连续墙

6.4.2 土建主体结构施工阶段技术

6.4.2.1 超长混凝土结构跳仓法施工技术

本工程 T4 航站楼、地下空间开发（高铁站）、综合管廊及行李通道超长、超大混凝土结构较多，原设计计划采用留后浇带的做法进行施工，结合以往经验，采用后浇带的方案进行施工不仅会影响到模板支架等材料的正常周转，而且会对二次结构和机电工程的穿插施工造成极大影响，同时后浇带部位混凝土不易浇筑，容易产生工程质量问题造成该部位漏水。因此，该工程施工总承包积极与设计进行沟通并组织了多次论证，最终确定了取消温度后浇带采用跳仓法进行施工的方法，并通过后期加强养护和测温的方式减少大体积混凝土及超长结构的施工质量。超长混凝土结构跳仓法的应用节约了项目材料周转成本、节省工程施工工期，达到了降本增效的管理目标。具体见图 6.4.2-1、图 6.4.2-2。

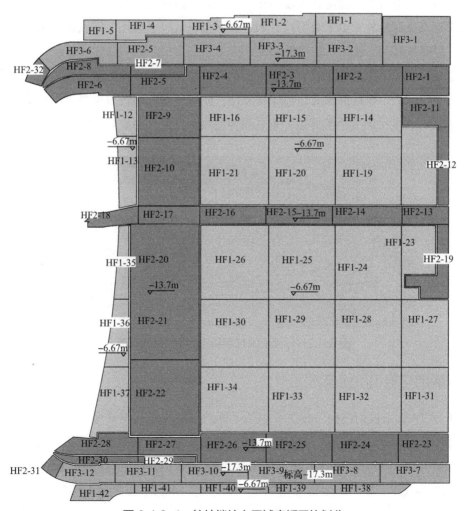

图 6.4.2-1 航站楼核心区域底板区块划分

图 6.4.2-2 底板跳仓法施工

6.4.2.2 盘扣式脚手架应用

本工程所有脚手架及支撑架均采用盘扣式脚手架，其具有布置灵活、安全可靠、稳定性好、承载力高等特点。全部杆件系列化、标准化、搭拆快、易管理、适应性强；除搭设常规脚手架及支撑架外，由于有斜拉杆的连接，盘口式脚手架还可搭设悬挑结构、跨空结构架体，可整体移动、整体吊装和拆卸。

由于盘口式脚手架立杆承载力高，故搭设时可适当增大立杆间距（可达 2m），使得脚手架内施工空间大，模板拆除时运料非常方便，模板、木方周转效率高，水平支撑模板拆除率可达 93%，主次梁可全部拆除，重复周转使用。具体见图 6.4.2-3、图 6.4.2-4。

图 6.4.2-3 盘口式脚手架作为跨空结构支撑

6.4.3 钢结构施工阶段技术

本工程 T4 航站楼钢结构工程主要包括下部劲性钢骨柱及钢骨梁、楼层钢梁、屋盖及其支撑体系、幕墙钢柱及钢梁、雨棚钢结构、屋面系统下层主檩条及檩托、钢连桥、消防连桥以及办票岛、钢夹层等。钢材材质主要为 Q235B、Q345B、Q460C 及 Q460GJC、铸钢件（G20Mn5QT）等，钢结构总用钢量约 9 万 t。T4 航站楼主楼钢结构施工具有代表性，下面将主要介绍主楼区域钢结构施工。

4）摇摆柱概况

摇摆柱 GZ5 共计 10 根，分为 5 种类型，截面形式为梭形钢管柱，壁厚为 20mm、30mm，材质为 Q345B，内灌 C60 混凝土。摇摆柱顶部和底部均设置抗震球形支座。摇摆柱 GES 立面示意图见图 6.4.3-6。

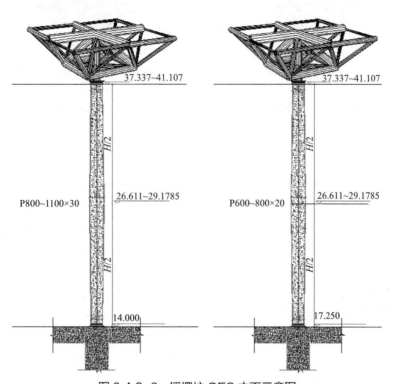

图 6.4.3-6   摇摆柱 GES 立面示意图

2. 主楼 B 区屋盖钢结构概况

1）主楼 B 区屋盖钢结构整体概况

主楼屋盖采用封边桁架＋网架的曲面空间结构体系，钢结构包括焊接球网架，箱形封边桁架，依附在主楼屋盖的马道、钢平台，屋面系统下层主檩条及檩托，吊挂在屋盖网架下弦的幕墙摇臂梁及清洗吊钩等。具体见图 6.4.3-7、图 6.4.3-8。

2）主楼 B 区屋盖钢网架概况

主楼屋盖投影尺寸为：465m×289m，投影面积为 11.5 万 m²，屋盖上弦最高点标高为 42.05m，最低点标高为 32.26m，整体最大高差 9.79m。屋盖沿南北方向高差变化起伏较大，整体呈波浪形；东西方向同一横断面高差变化较小，高差约 2m。网架最大跨度为 54m，网架南北两侧悬挑长度为 44m，东西方向悬挑最大长度为 44m。

主楼屋盖网架部分全部为焊接球网架，网架厚度为 2.5～4.4m，网格尺寸：南北方向为 3.6～3.8m，东西方向为 2.5～6.8m。网架杆件规格为 $\phi102mm×8mm～\phi650mm×30mm$，焊接

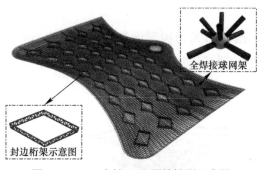

图 6.4.3-7　主楼 B 区屋盖轴测示意图

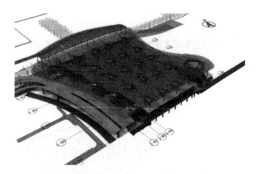

图 6.4.3-8　主楼 B 区剖面示意图

球规格尺寸为 WSR3020～WSR9045mm，其中直径 800mm 和 900mm 的下弦球采用鼓形球。杆件和焊接球材质均为球 Q345B。焊接球规格见表 6.4.3-1。

焊接球规格　　　　　　　　　　　　　　　　表 6.4.3-1

焊接空心球截面表							
编号	规格	类型	直径 D（mm）	壁厚 t（mm）	肋板厚（mm）	材质	数量（个）
1	WSR3020	一字加肋空心球	300	20	20	Q345B	3696
2	WSR3520		350	20	20		2308
3	WSR4022		400	22	22		1278
4	WSR4525		450	25	25		1718
5	WSR5028	十字加肋空心球	500	28	28		881
6	WSR6030		600	30	30		1705
7	WSR7035		700	35	35		435
8	WSR8040		800	40	40		89
9a	WSR9045		900	45	45		599

3）主楼 B 区屋盖封边桁架概况

主楼 B 区屋盖封边桁架共计 41 组，包括 40 组标准支承柱柱顶封边桁架和 1 组荷花谷柱顶封边桁架。具体分布见图 6.4.3-9。

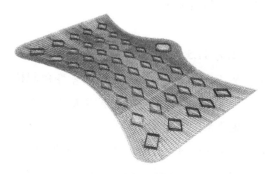

图 6.4.3-9　封边桁架整体轴测示意图

标准支承柱柱顶桁架为箱形平面桁架，共分为两类。

第一类分布在屋盖南北两侧（1-Be、1-BD），共计 10 组，桁架高度 4.4～5m，该类型桁架下弦杆件规格为：B800×800×40×40，最外侧 4 根分叉柱相连接的节间板厚为 60mm，上弦规格为：B800×800×40×40，竖腹杆规格为 B800×800×40×

40～B800×1000×40×40，斜腹杆规格为 B400×400×14×14，材质均为 Q460C。

第二类分布在屋盖中间区域（1-Ba、1-BV、1-BP、1-BS、1-BL、1-BG），共计 30 组，该类型桁架高度为 3.0～4.4m，桁架上、下弦规格均为 B600×300×30×30，竖腹杆规格为 B300×400×30×30、B300×800×50×50（与分叉柱相连接部位），斜腹杆规格为 B300×300×12×12，材质为 Q345B。

标准支承柱柱顶封边桁架上弦设置桁架拉杆，拉杆规格为 B500×200×16×18～B800×400×25×40，材质均为 Q345B。

封边桁架轴测示意图见图 6.4.3-10。

荷花谷柱顶桁架共计 1 组，整体为 8 边形，为三角形空间箱形桁架，投影长边长度为 22.56m，短边长度为 10.8m。桁架高度为 2.9～3.6m，桁架宽度为 2.4～4.2m。桁架下弦杆件规格为：B800×800×30×30，转角两侧各一个节间板厚为 60mm，上弦杆件规格为：B800×400×25×30，竖腹杆规格为 B400×400×18×18，斜腹杆规格为：B300×300×16×16、B400×400×14×14，上弦连系杆规格为：B800×300×22×22。桁架上弦设置悬挑杆，悬挑长度为 1～4.3m，悬挑梁为变截面箱形构件，规格为 B800～500×300×22×22。荷花谷柱顶桁架构件材质均为 Q345B。

荷花谷柱顶桁架轴测示意图见图 6.4.3-11。

图 6.4.3-10　封边桁架轴测示意图　　　　图 6.4.3-11　荷花谷柱顶桁架轴测示意图

6.4.3.2　屋盖钢结构分区整体提升施工

本区域屋盖钢结构主要包含 40 组标准支承柱上方封边桁架、一组荷花谷柱上方封边桁架、焊接球网架、马道及屋面清洗平台，屋盖钢结构施工采用"17.250m 楼面或地面拼装，分区累积提升到位"的施工方法，同时，考虑分叉柱、分叉节点及屋面主檩高空对接难度，在提升支架对应点位楼面结构满足承载力的前提下，部分分叉柱、分叉节点及屋面下层主檩随屋盖钢结构一同提升。

提升分区情况见表 6.4.3-2、图 6.4.3-12、表 6.4.3-3。

各提升分区信息统计表   表 6.4.3-2

提升分区	提升面积	提升质量	最大提升高度	吊点数量	结构最大跨度
提升一区	34000m²	8552t	33.7m	60	54m
提升二区	12500m²	3033t	30.5m	22	54m
提升三区	32500m²	8407t	29.4m	42	54m
提升四区	32500m²	8407t	29.4m	42	54m
提升五区	5500m²	1219t	37.8m	12	54m

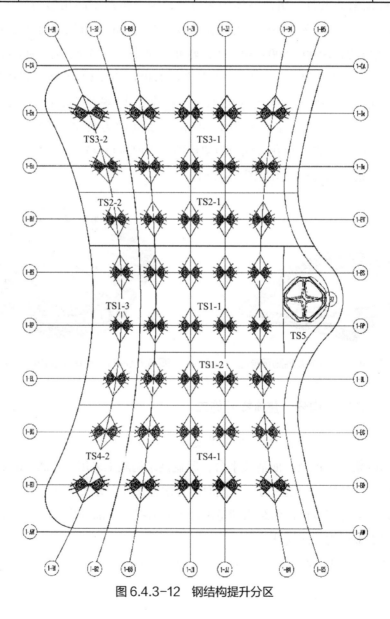

图 6.4.3-12　钢结构提升分区

各提升分区施工情况 表 6.4.3-3

提升分区	施工步骤	提升高度
提升一区	TS1-1 和 TS1-2：在楼面进行拼装，TS1-1 先行拼装完成提升约 3.1m 后，与 TS1-2 及 TS1-1 区域分叉柱完成对接，再累积提升约 2.8m，与 TS1-2 区域分叉柱对接； TS1-3：在 -0.170m 楼面及地面进行拼装，屋盖钢结构提升约 12m 与分叉柱对接，再提升约 11.5m 与 TS1-1 和 TS1-2 对接； 提升一区整体提升约 10.2m 后至设计标高	TS1-1：3.1m+2.8m+10.2m； TS1-2：2.8m+10.2m； TS1-3：12m+11.5m+10.2m
提升二区	TS2-1：在楼面进行拼装，TS2-1 提升约 2.8m，与 TS2-1 区域分叉柱对接； TS2-2：在 -0.170m 楼面及地面进行拼装，提升约 8.8m 与分叉柱对接，再提升约 11.5m 与 TS2-1 对接； 提升二区整体提升约 10.2m 后至设计标高	TS2-1：2.8m+10.2m； TS2-2：8.8m+11.5m+10.2m
提升三、四区	TS3-1（TS4-1）：在楼面进行拼装，TS3-1（TS4-1）提升约 3.8m，与 TS3-1（TS4-1）区域部分分叉柱对接； TS3-2（TS4-2）：在 -0.170m 楼面及地面进行拼装，提升 21.3m 与 TS3-1（TS4-1）对接； 提升三区（四区）整体提升约 8.1m 后至设计标高	TS3-1（TS4-1）：3.8m+8.1m； TS3-2（TS4-2）：21.3m+8.1m
提升五区	提升五区屋盖封边桁架和天窗在 -0.170m 楼面进行拼装，整体提升约 21m 后，与提升五区剩余屋盖网架对接后，整体提升至设计标高	TS5-1：21m+16.8m

6.4.3.3 屋盖网架等比分级卸载

屋盖网架分区提升到位后，涉及的后补杆件主要有四类：（1）分叉节点下部支承柱和成品支座的安装；（2）在提升到位后满足安装的天窗杆件；（3）提升分区与分区之间的网架杆件；（4）受提升支架影响，须在提升支架拆除后安装的网架杆件和天窗杆件。

第 1、2 类在单个提升分区卸载前须安装到位，土建内灌 C60 混凝土养护达到卸载要求后，为尽快将工作面移交，单个提升分区提升到位，第 1、2 类后补杆件安装完成，靠近分区合拢位置的提升点位不卸载，其余分区提升点位先行采用等比分级卸载的方法进行卸载，单次最大卸载量控制在 50mm，分多次等比卸载到位。

6.5 高效建造管理

6.5.1 组织管理

本工程采用施工总承包管理模式，施工总承包商统一负责合同文件规定的采购和施工任务。施工总承包管理模式以业主的需求和项目目标为主导，以总承包商为管理主体实现施工集成化管理，有利于提高项目实施效率和保证工程质量。项目管理的组织结构包括企业保障层、总承包管理层、专业分包管理层、各专业施工队，总承包单位对分包单位实行统一指挥、协调、管理和监督。

本工程土建、机电专业由总承包单位自行承建，钢结构、金属屋面、幕墙、精装修等工程由具有相应资质的专业单位承建。

土建施工阶段划分为五个施工分区进行施工，每个施工分区设置一套项目管理班子，并配备相关项目管理人员。总承包单位负责资源调配、体系管理及项目整体计划管理，各分区项目部负责主导现场施工生产。本阶段以土建施工为核心，其他各专业配合进行穿插施工。

总承包单位设置外装部对钢结构、幕墙、金属屋面专业单位进行统一管理，设置内装部对精装修专业单位进行管理，加强总承包单位对各专业分包单位的管控力度的同时，方便了各专业分包单位之间及各专业分包单位与土建专业之间的施工配合，使得专业施工统一计划、统一部署、统一指挥、统一要求。

6.5.2　设计管理

本工程涉及五家设计院及多家专业分包单位，为方便各单位与设计院之间的沟通，总承包单位设置设计管理部，负责对接设计院。总承包单位设计管理部设设计经理一名，设计主管两名，各土建区段项目部及专业分包单位设置一名技术人员专职对接总承包单位设计部，总承包单位设计管理部由项目总工程师分管，总承包单位设计管理部职责如下：

（1）负责对接设计院，组织图纸会审、设计交底、设计例会等设计类工作。

（2）负责组织项目各专业深化设计工作的开展，负责审核各专业深化图纸。

（3）负责对分包商就施工图深化设计中技术上或相关规范的疑问进行解答。

（4）主持与本部门相关的深化专题例会，掌握深化工作的进度、质量，就本项目深化动态定期向主管领导汇报。

（5）负责业主下发图纸的收发，并对图纸的收发时间进行记录。

（6）负责项目设计策划书的编制，积极组织开展项目设计优化工作。

6.5.3　计划管理

总承包单位设置计划管理部，配置计划经理一名，计划主管两名，对项目总进度计划及各专业进度计划进行管理、考核及纠偏维护。

6.5.3.1　计划制定

项目总进度计划由总承包单位计划管理部负责编制，作为整个项目的计划总纲，项目所有部门根据总进度计划倒排各系统计划，如设计进度计划、施工方案编制计划、工程实体进度计划、专业单位招标计划、设备物资采购计划、材料选样封样计划、质量样板验收计划、分部分项验收计划等，明确责任部门及责任人，计划编制完成后上报总承包单位计划管理部审核，由总承包单位项目经理审批后实施。

分包单位根据工程总体进度计划和总体施工组织设计安排，进场10日内编制本专业施工项目的二级、三级进度计划上报总承包单位计划部，并在三级计划上反映出资源投入情况，以保证项目施工的均衡进行。

6.5.3.2 计划管理

分包单位必须根据总承包单位编制的总体进度计划详细编制分包进度的年、月、周进度计划，并准时上报总承包单位计划管理部。分包进度计划中涉及相关单位工序衔接、工作界面移交等要求时，须在计划中详细说明。经总承包单位审核同意后，分包单位在施工组织实施当中，严格按照计划表中的时间节点完成各项任务。总承包单位计划管理部须根据现场实际施工状况，及时监督各责任单位的计划完成情况，确保总进度计划各项关键节点如期实现。

总承包单位计划管理部采取日报、周报、月（或阶段）报、年（或阶段）报总体计划的控制手段，使计划阶段目标分解细化至每周、每日，保证总体进度控制计划的按时实现。

根据总体进度要求，各分包单位需在每周总分包例会中详细提出工期保证措施。对施工中可能出现的影响进度计划实现的各方面因素（相关专业相互协调、配合因素等）作出充分的预计并制订切实可行的解决方案及保证措施。

各分包单位须无条件服从工程总体进度的调整优化，随时做好进度调整的准备工作，保证与进度计划匹配的资源配置，确保进度计划的顺利实现，以保证工程进展顺利。

总承包单位会根据各家分包单位提交的相应计划进行完成情况考核，然后根据考核结果反馈给分包单位，根据考核结果分析现场实际情况，找出原因，采取措施实现计划。如果考核结果与计划差距太大，分包单位可以书面上交解释原因，总承包单位根据现场情况分析是否合理，如果不合理视情节严重情况作出处罚，对于关键线路影响项目竣工验收时间的按业主与总承包单位签订的总承包合同中相应处罚条款进行罚款。

6.5.3.3 劳动竞赛

总承包单位组织所有分包单位进行劳动竞赛，每月进行评比，对排名前三名的分包单位进行表彰，对排名后三名的分包单位作出处罚，并设立劳动竞赛先进个人奖项，用于表彰工作积极性高、工作认真的个人，提高工作人员的积极性。通过正向激励机制，提高参建单位及参建人员的工作积极性，确保进度。

6.5.4 技术质量管理

6.5.4.1 技术管理

1. 技术管理组织机构

总承包单位设技术管理部配置技术经理一名，技术主管两名，负责统筹领导各土建区段及各专业分包技术管理工作，各土建区段项目部、专业分包项目部均设置技术部并配备技术管理人员，具体负责各自施工范围内的技术管理工作，并接受总承包单位技术管理部的领导和管理。总承包单位技术管理部由项目总工程师分管。

2. 技术管理主要内容

总承包单位技术管理部按照总承包单位管理要求做好以下几方面管理工作，确保将技术先行落到实处：

1）施工组织设计和专项施工方案管理

督促各土建区段及分包单位按照总进度计划要求编制方案报审计划，经审核满足要求后按照该计划督促各单位编制方案事宜，确保方案编制工作的及时性。总承包单位制定方案审批流程，各单位上报方案均需通过总承包单位技术、质量、安全、生产部门的审批，审批完成后由总承包单位资料员统一负责向监理上报，确保方案编制质量满足要求。

2）定位测量管理

本工程的定位放线及水准点引测工作由施工总承包方技术管理部专职测量工程师负责，工程定位放线后，测量工程师及时绘制出定位放线记录和定位放线验线记录，由施工总承包项目总工复核签字，同时通知发包方和监理等有关部门进行验线签字。各分包单位进场后，总承包单位提供标高、定位的基本点和线给分包单位，分包单位据此进行自己的定位测量工作。

3）技术复核管理

技术复核指对重要的或影响工程的技术项目进行复查、核对，以避免发生重大差错而影响工程的质量和使用。施工总承包方应做好自行完成施工内容的技术复核工作并督促各指定分包单位进行技术复核，复核合格后方可进行下道工序。专业分包单位总工应填写记录并妥善保存，签字后列入分包单位技术档案。

4）试验检验管理

总承包单位技术部设置试验主管，分管项目试验检验事宜。总承包单位每周召开检、试验例会，各土建标段、分包单位试验员须准时参会，总承包单位试验主管统筹负责项目检、试验工作，负责督促各单位及时按照要求进行材料取样和送检，由各单位试验员具体负责见证取样及材料送检事宜。

5）工程资料管理

总承包单位设置资料档案室，并配备一名资料主管，负责项目文件收发、资料档案收集存档及相关资料报审事宜。各土建区段及各分包单位均须配备资料员，负责本单位内部资料收集、整理、上报工作。总承包单位技术管理部协同总承包单位资料档案室制定资料档案管理规定，明确各项文件报审要求、流程及各单位之间往来函件的规范格式，由总承包单位档案室将档案管理规定下发至各单位，确保项目资料档案编制合规、流程清晰。项目所有对外资料统一由总承包单位资料主管负责发出，各单位向监理、业主发文、上报的资料须统一经总承包单位资料档案室流转。

6）规范标准管理

施工总承包技术管理部购买国家及行业标准、规范、规程、图集，统一管理，以供总承包单位各部门借阅。对涉及本工程的标准、规范、规程、图集，总承包单位应列入受控文件清单并积极地监督分包单位使用正确的标准、规范、规程、图集。

6.5.4.2 质量管理

1. 质量管理体系

质量保证体系由总承包单位工程管理部、质量管理部、技术管理部、物资管理部及各专业项目部组成。总承包单位质量管理部按照土建区段划分区域，每个区域设置一名质检员负责该区域质量验收及向监理报验工作，各专业单位质量管理人员需对各自施工范围内的材料及工程实体的质量进行严格把关，自检合格后向负责该区域的总承包单位质量员进行报验，总承包单位质量员查验合格后由总承包单位质量员向监理申请验收。

2. 质量管理内容

1）质量检验检测

总承包单位建立健全规范的检验检测制度，使用的所有材料设备等各种物资、施工过程中各工序的质量、成品与半成品的质量都要按照相应的国家或地方规范、标准进行检验检测，未通过检验检测程序的物资不能使用于工程中，未经检验的工序不得进入下道工序。检验检测坚持各负其责、委托试验、见证取样的原则。

2）样板质量引路

分部、分项工程开工前，由施工总承包项目部，根据专项方案、技术交底及现行的国家规范、标准，组织各专业分包单位进行样板施工（如工序样板、分项工程样板、样板墙、样板间、样板段等），样板工程验收合格后才能进行专项工程的施工。同时分包单位在样板施工中也接受了技术标准、质量标准的培训，做到统一操作程序、统一施工做法、统一质量验收标准。

3）质量否决制

不合格分项、分部和单位工程必须进行返工。过程中严格把控各项验收环节，不合格分项工程流入下道工序要追究班组长的责任，不合格分部工程流入下道工序要追究工长和项目经理的责任，不合格工程流入社会要追究公司经理和项目经理的责任，有关责任人员要针对出现不合格的原因采取必要的纠正和预防措施。

4）质量检查验收控制

各分包单位申请验收前提前检查确认验收部位的相关资料是否齐全、现场是否按照设计要求施工，经本单位自检合格，方能向总承包单位质量员提出验收申请。申请总承包单位质量员验收时需携带由各单位质量员签署合格的验收记录及相关附件，配合总承包单位质量员进行复检，并对不合格内容进行整改，合格后再次报总承包单位质量员复检。总承包单位质量员复检合格后，由总承包单位质量员负责向监理申请报验，确保各单位各施工环节的质量处于总承包单位的监督之下。

5）质量例会制度

由施工总承包质量管理部主持，总承包质量人员和分包方现场经理、质量及技术负责人参加。总承包单位质量管理部对前一周现场检查发现的质量问题予以通报，并和与会者共同商讨解决质量问题应采取的措施，会后予以贯彻执行。每次会议都要做好例会纪要，作为下一周例会检查情况的依据。

6）全过程质量跟踪监控

施工总承包技术管理部、质量管理部、工程管理部对分包方的过程质量展开全过程监控，并及时向分包方提出质量问题，并限期整改。

在工程具体施工阶段，由施工总承包方技术质量部及土建、钢结构、幕墙、机电等专业单位的质量工程师对工程进行全过程的质量跟踪，并将检查情况做好记录。通过记录来反映工程质量情况，把情况及时反馈到各分包单位，并督促各责任单位进行质量整改。

7）成品保护

各分包单位须根据施工组织设计和工程进展的不同阶段、不同部位编制成品保护方案；总承包以合同、协议等形式明确各分包单位对成品的交接和保护责任，明确施工总承包对各分包单位保护成品工作协调监督的责任。施工总承包质量管理部对所有入场分包单位进行定期的成品保护意识的教育工作，依据合同、规章制度、各项保护措施，使分包单位认识到做好成品保护工作是保证自己的产品质量，从而保证分包单位自身的荣誉和切身的利益。

6.5.5 安全文明施工管理

6.5.5.1 安全管理

项目部建立以总承包单位安全监督管理部为核心，以土建五个标段安全管理部为直属安全管理机构，按照土建施工分区原则，各土建标段安全管理部负责对本标段施工区域内各专业施工安全进行监督，明确各级安全生产文明施工管理责任，各级职能部门、人员在各自的工作范围内，对实现安全生产要求负责，做到安全生产工作责任横向到边、层层负责、纵向到底、一环不漏。

总承包单位安全监督管理部每周组织各单位项目经理、生产经理、安全总监进行一次现场安全大检查，并每日对现场安全生产情况进行巡查。安监管理部每周定期组织项目安全例会，对本周日常巡查和安全大检查过程中发现的安全问题做出通报，并监督整改。

总承包单位安监部负责监督各单位安全教育落实情况、特种作业人员持证作业情况。审核各单位编制的安全专项施工方案及相关安全交底。对进场的机械设备进行验收。定期检查各单位安全管理资料，对施工过程中安全工作做得好的分包单位、作业班组、个人进行奖励，对不遵守安全生产规章制度、不落实安全措施方案的分包单位、作业班组及个人进行处罚，以督促整改，并按程序对事故及时进行报告。

6.5.5.2 文明施工管理

总承包单位成立以项目经理为首的文明施工管理小组。以项目副经理及各部门负责人为主要领导班子，以现场的施工管理人员、现场巡查人员、各专业队伍的负责人及班组长为组员，制定文明施工管理制度，建立层层交底制度，形成书面资料，划分文明施工责任区，责任落实到各管辖区段、各专业队伍。

与施工作业班组签订文明施工协议书，并在施工过程中严格按照协议执行。对分包单位，将安全文明施工的相关内容写进分包合同，明确其文明施工的责任。

总承包单位制定文明施工检查制度，由总承包单位安全监督部组织对施工现场进行检查，与安全检查的日检、周检、月检同时进行。

6.5.6 信息化管理

6.5.6.1 BIM 应用

本项目采用中建八局自主研发的 BIM 协同平台，根据业主、BIM 咨询方的要求应用本项目协同平台的各项功能，基于平台开展施工阶段的沟通、协调和管理工作。

总承包单位设置 BIM 管理小组，并在项目开工后一周内配备 7 名 BIM 技术人员，满足本工程 BIM 相关工作开展的需要，各专业分包进场后，须将本单位的 BIM 人员信息上报给总承包单位 BIM 应用管理小组，整个工程的 BIM 技术人员统一在总承包单位 BIM 管理小组的指导下开展各专业的 BIM 应用工作。

1. 施工方案模拟

截至目前项目施工 BIM 技术完成了 28 个关键施工方案的视频模拟，包含单边支模、预应力施工、转换梁施工、装配式机房施工等施工工艺。项目积极应用 BIM 技术进行复杂节点的建模优化，并配合技术管理部对复杂节点、关键工艺组织开展 BIM 模型交底。

2. 虚拟样板创建

项目设置质量展厅，以 BIM 创建的虚拟样板为主要展示内容，方便管理人员及现场施工人员直观了解各项工艺及相关工程实体应该达到的效果，确保一次成优。

3. 交通组织模拟

本工程施工期间需保证机场不停航运营，场内外交通组织复杂。项目应用 BIM 技术对南北保通道路改道进行多次模拟，并制作保通道路导改后的视频用于向业主及场区有关部门进行交通组织汇报，得到了各方的高度认可，推动了后续相关工作的开展。

6.5.6.2　智慧工地

本工程智慧工地系统包含安全管理、质量管理、特种机械管理、劳务管理、环境监测、智慧党建等模块功能。项目于施工现场大门一侧建设智慧工地展厅，展厅共计分为：入场教育区、科技展示区、党建（企业）展示区、VR 体验区、安全教育培训区、质量样板区、职工之家区域、培训室、操作间，共计 9 个展示区域。其中包含展厅设计、展厅装修、多媒体设备应用、观光讲解等多项工作。

6.5.6.3　全景鹰眼

该工程应用全景鹰眼设备对施工现场进行全大候视频监控，将现场监控连接到总承包单位项目经理、生产经理、总工程师及各单位负责人的办公室，方便项目各级管理人员能够及时了解现场施工动态，制定相关施工组织方案，安排每天施工任务。同时通过该设备的使用加强了对现场施工的安全管控，减少了安全事故的发生。

6.6　项目管理实施效果

（1）业主满意度：在开工至今 10 个月内业主组织的两次劳动竞赛中分别获得第一名、第二名的好成绩。收到业主表扬信 1 封，各项工作得到业主的高度认可，业主非常满意。

（2）产值突出：项目开工 10 个月内，完成总产值达 18.5 亿元，目前月产值达 3.3

亿元。

（3）科技成果丰富：已通过中建八局科技示范工程、中建总公司科技示范工程、浙江省科技示范工程立项；已完成杭州市及浙江省新技术应用示范工程申报工作。截至目前项目完成论文 15 篇，专利申报 9 项。

（4）社会影响力：项目自 2019 年 7 月份开工以来，10 个月内迎接社会各界参观累计达 50 余次。省、市各级领导多次到现场调研、指导，形成了较高的社会影响力与示范效果。

7

案例（成都天府国际机场）

7.1 案例背景

　　成都天府国际机场是国家"十三五"规划中计划建设的最大民用运输枢纽机场项目，是国家推进长江经济带、全面融入全球经济的重大战略布局，是丝绸之路经济带中等级最高的航空港，未来将负责由成都出港的全部国际航线，并将被打造为国际一流、国内领先的"平安、人文、智慧、绿色"机场。机场建成后将成为与北京、上海、广州遥相呼应、贯通南北、连接东西的中国第四个国家级国际航空枢纽；成为中国面向欧洲、东南亚、南亚、中东和中亚的国际空中门户。

　　成都天府国际机场位于简阳市芦葭镇，机场规划用地面积 52km²，总投资 718.6 亿元，工程分近、远两期建设。近期规划到 2025 年，满足旅客吞吐量 4000 万人次，货邮吞吐量 70 万 t，飞机起降量 35 万架次，将建设"两纵一横"3 条跑道，约 70 万 m² 单元式航站楼，总用地面积约为 21km²。远期规划到 2035 年，满足旅客吞吐量 9000 万人次，货邮吞吐量 200 万 t，飞机起降量 70 万架次，将建设"四纵两横"6 条跑道，约 140 万 m² 单元式航站楼。天府机场航站楼造型取自成都特色的太阳神鸟，四座单元式航站楼，犹如四只驮日飞翔的神鸟，寓意古蜀文明的传承，同时象征着成都以高昂的姿态为近 9000 万四川人的腾飞梦想增添新的翅膀，为承载着千年荣光的天府之国，甚至整个中国西部，再次掀开历史新的一页。

　　工程建设采用施工总承包管理模式，中建八局作为航站区一标段施工总承包单位，负责 T1 航站楼的基础及结构工程，T1 航站楼范围内代建大铁工程施工，航站区土建施工及一标段范围内的管理总承包。

　　工程开工时间为 2017 年 9 月 29 日，合同竣工时间为 2020 年 12 月 28 日，实际建设工期 36 个月，统计同等规模机场建设工期一般为 4～5 年，工程较同类大型机场建设工期缩短 1～2 年。

工程突出特点包括：合同要求工期短；建设目标为"现场管理成熟度五星级""中国建筑工程鲁班奖""中国土木工程詹天佑奖"；全世界首个时速 350km/h 的高铁不减速下穿的航站楼；全国首次地上、地下均采用"跳仓法"施工。

截至 2020 年 3 月，已提前完成主体结构封顶及钢结构网架封顶，完成金属屋面及幕墙断水封围，全面进入机电安装、装饰装修、民航系统等各专业穿插实施阶段。

7.2 机场概述

7.2.1 工程概况（表 7.2.1-1）

工程建设概况一览表　　　　　表 7.2.1-1

序号	项目	主要内容	
1	工程名称	成都天府国际机场航站区土建工程施工总承包一标段	
2	建筑类别	机场航站楼	
3	总建筑面积	T1 航站楼 33.72 万 m^2；APM T1 站 1.75 万 m^2；T1 航站楼范围内代建大铁工程 1.5 万 m^2	
4	地理位置	简阳市芦葭镇	
5	建筑层数	地下	2 层（局部 B2 层为 APM 捷运系统工程）
		地上	5 层（主体 4 层，局部有 4 层上夹层）
6	建筑高度	45m	
7	场地标高	设计标高 ±0.000 相当于绝对标高 441.05m	
8	结构形式	混凝土框架结构 + 钢网架结构	
9	建设单位	四川省机场集团有限公司	
10	设计单位	中国建筑西南设计研究院有限公司	
11	勘察单位	中国建筑西南勘察设计研究院有限公司	
12	监理单位	上海市建设工程监理咨询有限公司·四川西南工程项目管理咨询有限责任公司监理联合体	
13	工期要求	2017 年 9 月 29 日～2020 年 12 月 28 日；共计 1187 日历天	
14	质量标准要求	符合国家现行规范要求，确保"中国建筑工程鲁班奖"；获得"中国建筑工程钢结构金奖"；争创"中国土木工程詹天佑奖"	
15	安全文明施工要求	遵守国家和地方有关安全生产的法律、法规、规范、标准和规程以及成都市各项安全生产文明施工管理制度要求	

序号	项目	主要内容
16	机场平面示意图	

7.2.2 关键工期节点

（1）施工准备阶段见表 7.2.2-1。

施工准备阶段表　　　　表 7.2.2-1

序号	施工内容	开始时间	完成时间	持续时间（d）	管控级别	备注
1	项目管理组织架构	2017.7.15	2017.8.15	30	2	
2	项目现场开工条件准备（临建、五通一平）	2017.10.17	2017.11.30	45	2	
3	项目管理策划编制	2017.9.18	2017.10.1	14	1	
4	项目部实施计划编制	2017.10.9	2017.10.15	7	2	
5	开工报告	2017.11.14	2017.11.14	1	2	

（2）设计阶段见表 7.2.2-2。

设计阶段表　　　　表 7.2.2-2

序号	设计内容	开始时间	完成时间	持续时间（d）	管控级别	备注
1	地勘报告	/	2017.3.14	/	1	
2	桩基施工图	/	2017.10.25	/	2	
3	土方开挖图	/	2017.11.20	/	2	
4	地下结构图	/	2017.12.25	/	1	
5	地上结构图	/	2018.2.5	/	1	
6	二次结构施工图、留洞图	2019.2.12	2019.3.7	24	2	

续表

序号	设计内容	开始时间	完成时间	持续时间（d）	管控级别	备注
7	钢结构深化设计图	/	2019.4.29	/	2	
8	屋面深化设计图	/	2019.4.25	/	2	
9	幕墙深化设计图	/	2019.4.25	/	2	
10	综合管线一次布线图	/	2017.6.30	/	3	给水排水、强弱电、通风、消防等
11	综合管线二次布线图	/	2018.8.25	/	3	
12	非成品登机桥施工图（基础、主体、二次结构、钢结构）	/	2019.8.1	/	2	
13	粗装深化设计施工图	2019.11.30	2019.12.31	32	2	
14	精装深化设计施工图	2020.3.31	2020.4.30	31	2	预计

（3）招采阶段见表7.2.2-3。

招采阶段表　　　　　　　　　　　　表7.2.2-3

序号	招采内容	开始时间	完成时间	持续时间（d）	管控级别	备注
1	临建工程	2017.08.31	2017.9.20	21	2	招标
2	桩基工程	2017.09.17	2017.10.9	22	2	招标
3	土方工程	2017.09.17	2017.10.9	22	2	招标
4	锚杆工程	2018.07.03	2018.7.17	14	2	招标
5	防水工程	2018.02.14	2018.3.9	23	2	招标
6	主体结构工程	2018.02.26	2018.3.13	16	1	招标
7	预应力工程	2018.03.15	2018.4.4	19	2	招标
8	二次结构工程	2018.07.12	2018.8.2	21	2	招标
9	装饰装修工程（普装）	2020.02.27	2020.3.25	27	1	招标
10	非成品登机桥工程（基础、主体、二次结构、钢结构）	2019.10.11	2019.11.6	25	2	招标
11	临水临电管线	2017.8	2017.9	30	2	采购
12	钢筋	2017.8	2017.9	30	2	采购
13	模板	2017.9	2017.10	30	2	采购
14	混凝土	2017.8	2017.9	30	2	采购
15	砌体材料（砌块、砂浆）	2018.9	2018.10	30	2	采购
16	塔式起重机、汽车起重机	2017.9	2017.10	30	2	采购
17	物料提升机	2018.10	2018.11	30	2	采购
18	周转材料	2017.9	2017.10	30	2	采购
19	零星材料	2017.9	2017.10	30	2	采购

（4）施工阶段见表7.2.2-4。

施工阶段表 表7.2.2-4

序号	施工内容	开始时间	完成时间	持续时间（d）	管控级别	备注
1	航站楼桩基施工	2017.11.8	2018.2.13	98	1	
2	土方开挖	2017.12.12	2018.7.21	222	2	
3	基坑支护及降水	2017.12.1	2018.3.15	105	3	
4	塔式起重机安装	2017.12.25	2018.3.30	96	3	
5	塔式起重机拆除	2019.6.30	2020.1.15	200	3	
6	锚杆施工	2018.4.27	2018.12.13	231	3	
7	垫层及防水施工	2018.5.7	2018.12.25	233	3	
8	管廊底板施工	2018.5.17	2019.1.12	241	3	
9	管廊侧墙及顶板施工	2018.6.6	2019.1.22	231	1	
10	管廊侧墙、顶板防水及防水保护层施工	2018.6.11	2019.1.27	231	3	
11	土方回填、压实	2018.6.21	2019.6.6	351	3	
12	地上主体结构施工	2018.7.1	2019.5.30	334	1	
13	施工电梯安装	2019.3.5	2019.4.3	30	3	
14	二次结构施工	2019.3.5	2020.5.10	433	2	受管综深化影响
15	施工电梯拆除	2020.1.5	2020.6.10	158	3	
16	高架桥工程	2019.3.1	2020.12.15	656	1	
17	钢结构施工（钢柱、网架）	2018.2.16	2020.5.15	820	1	
18	幕墙工程	2019.7.17	2020.8.1	382	2	
19	屋面工程	2019.5.11	2020.9.28	507	2	
20	粗装修工程	2019.3.15	2020.10.20	580	2	
21	精装修工程	2019.3.31	2020.11.25	600	1	
22	非成品登机桥工程（基础、主体、二次结构、钢结构）	2019.9.20	2020.6.25	280	3	
23	电梯工程	2019.11.1	2020.9.30	335	2	
24	水电通风安装工程	2018.6.30	2020.12.28	913	1	
25	消防工程	2018.11.14	2020.11.30	748	1	
26	弱电工程	2019.7.4	2020.12.28	544	3	
27	泛光照明	2020.4.1	2020.12.1	245	3	
28	行李系统安装工程	2019.3.30	2020.12.28	640	3	
29	游客登机设备工程	2020.5.17	2020.11.22	190	3	
30	引导标识标线工程	2020.4.5	2020.11.20	230	3	
31	室外工程	2020.5.15	2020.12.20	220	2	

（5）验收节点见表7.2.2-5。

验收节点表 表7.2.2-5

序号	验收内容	开始时间	完成时间	持续时间（d）	管控级别	备注
1	桩基子分部验收	2019.5.25	2019.5.30	5	2	
2	地基与基础工程验收	2019.6.25	2019.7.1	7	1	
3	主体结构工程验收	2019.7.10	2019.7.16	7	1	
4	装饰装修分部工程验收	2020.12.1	2020.12.25	25	1	
5	钢结构工程验收	2020.6.14	2020.7.14	30	2	
6	幕墙工程验收	2020.8.3	2020.8.23	20	2	
7	屋面工程验收	2020.10.20	2020.11.20	30	2	
8	电梯工程验收	2020.10.6	2020.11.6	30	2	
9	登机桥验收	2020.10.28	2020.11.28	30	2	
10	防雷验收	2020.8.17	2020.8.31	15	2	
11	机电工程验收	2020.11.28	2020.12.28	30	1	
12	引导标识验收	2020.11.5	2020.12.5	30	1	
13	安检系统验收	2020.11.20	2020.12.20	30	1	
14	行李系统验收	2020.11.25	2020.12.25	30	1	
15	节能验收	2020.11.22	2020.12.22	30	2	
16	环境验收	2020.12.1	2020.12.22	22	2	
17	智能建筑工程验收	2020.12.1	2020.12.22	22	2	
18	民航信息及弱电验收	2020.11.14	2020.12.28	45	1	
19	消防验收	2020.11.1	2020.11.30	30	1	
20	档案馆资料预验收	2020.12.28	2020.12.28	1	3	

7.3 项目实施组织

7.3.1 组织机构

根据工程面积广、体量大、工期紧、施工难度大的特点，采用矩阵式管理组织机构，纵向以公司总部到项目经理再到项目各职能部门进行管理，横向以A、B、C、D、大铁、服务大楼等片区为主体进行管理，具体组织机构详见图7.3.1-1。各部门及岗位职责分工详见表7.3.1-1、表7.3.1-2。

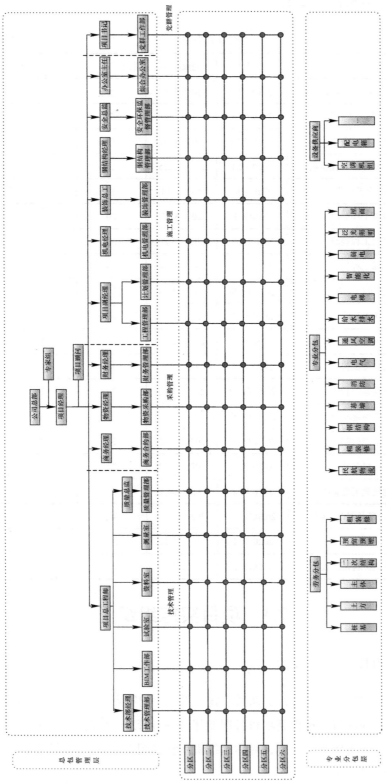

图 7.3.1-1 工程总承包模式矩阵式组织机构

项目岗位及其职责　　　　　　　　　　　　　　　表7.3.1-1

序号	岗位	岗位职责
1	项目经理	1）贯彻执行国家和地方政府法律、法规和政策，执行企业的各项管理制度，维护企业的合法权益； 2）经授权组建项目部，提出项目组织机构，选用项目部成员，确定岗位人员职责； 3）项目初始阶段组织项目策划工作，并主持编制项目管理计划和项目实施计划； 4）代表企业组织实施工程总承包项目管理，完成《项目管理目标责任书》规定的任务； 5）在授权范围内负责与项目干系人的协调，解决项目实施中出现的问题； 6）对项目实施全过程进行策划、组织、协调和控制； 7）负责组织项目管理收尾和合同收尾工作，接受企业审计并做好项目经理部解体与善后工作； 8）组织相关人员进行项目总结并编制项目总结报告及项目完工报告； 9）组织对项目分包人及供应商进行评价
2	项目顾问	1）负责施工单位的现场具体管理工作的布置、实施、检查、督促、落实执行情况； 2）贯彻执行国家相关条文，对施工单位技术全面负责； 3）深入现场解决问题，会同现场项目经理及时处理施工中的质量问题和其他难题； 4）组织项目相关人员参与或承担工程的交验工作，负责安全标准化工地的建设，搞好安全生产； 5）对工程质量、施工进度、设计变更等系列工作有审查和建议的权利； 6）参加工程各分项分部的验收； 7）对甲方代表做出的造价等一系列决策，作可行性的建议； 8）有权要求对施工质量不合格或不符合规范之处进行整改； 9）根据实际情况有权建议施工单位调整或优化施工方案或工序
3	项目书记	1）建立项目党支部，检查党支部决议的实施情况，总结党支部的工作，按时向支部党员大会和上级党组织报告工作； 2）检查党支部的思想、工作、学习和生活情况，发现问题及时解决，做好经常性的思想政治工作； 3）抓好班子建设，充分发挥领导班子集体领导作用； 4）协调党、政、团的关系，充分调动各方面的工作积极性； 5）关心项目职工的生活，做好精神文明建设，努力完成公司下达的各项思想政治工作指标； 6）负责协调周边关系，与地方建立党建联建工作； 7）做好后勤保障工作，负责组织项目日常接待工作
4	项目总工	1）负责项目的全面技术质量、设计管理工作； 2）主持深化设计文件审核，主持复测、控测及竣工测量，督促并检查技术人员做好技术交底工作； 3）负责编制工程总承包施工组织设计，参与重大方案的制定，审核单位工程的施工组织设计； 4）主持并审核设计计划、施工计划、物资计划、设备、调度、统计、工程报验表的编制； 5）负责组织对专业分包项目重大方案的研讨论证、审核和监督实施； 6）协调好与建设单位（发包方）、设计单位、监理部门、地方主管部门、分包单位等方面的关系，做好合理调配与供应，深入现场及时解决施工中出现的技术问题； 7）主持工程竣工文件的编制； 8）负责四新技术的推广应用

序号	岗位	岗位职责
5	商务经理	1）负责劳务、专业招标投标和商务合约的管理工作； 2）对工程总承包管理的重要或重大决策进行研究，形成决议，并分别予以落实； 3）编制项目商务策划书，检查落实情况，参与建立完善商务策划体系； 4）EPC合同的商务解释、合同商务条款修改的审核，招标文件的商务条款的编制和审查，分包和采购合同的商务审核； 5）负责项目成本控制工作，参与过程成本管理形态的监督检查，编制项目成本分析，审核相关数据； 6）分管项目部全过程商务管理工作，实施跟踪管理，包括分包合同的编制审核，分包合同台账的建立、维护，成本等各类数据的积累汇总，建造合同的审核，项目资金计划的审核
6	物资经理	1）负责组织、指导、协调项目的采购（包括采买、催交、检验和运输）工作； 2）组织编制采购执行计划，并对采购执行计划的实施进行管理和监控； 3）处理项目实施过程中与采购有关的事宜及与供货厂商的关系； 4）全面完成项目合同对采购要求的进度、质量以及企业对采购费用的控制目标与任务； 5）组织相关人员，根据设备、材料的重要性划分催交与检验等级，确定催交与检验方式和频度，制定催交与检验计划并组织实施； 6）领导采购管理部工作
7	财务经理	1）负责项目财务管理和会计核算工作； 2）领导财务管理部工作
8	项目副经理	1）负责土建工程项目施工管理，对项目全专业施工进度、施工质量、施工费用、施工安全进行全面监控； 2）参与编制和下达年、季、月度施工生产计划，并组织实施； 3）负责对施工分包商的协调、监督和管理工作； 4）组织土建、机电、装饰、钢结构、民航系统、供应商参与工程验交、竣工文件编制与移交、工程验工计价等工作； 5）协调项目施工期间的资源利用，接受公共部门对分包管理的建议和工作联系，并为其工作提供帮助
9	机电经理	1）负责机电项目的施工管理，对机电进行组织安排，落实各项工作； 2）参与编制与下达年、季、月度施工生产计划，并组织实施； 3）负责组织专业分包单位和供应商参与工程验交、竣工文件编制与移交、工程验工计价等工作
10	装饰总工	1）工程项目部技术工作总负责，并进行全方位的指导与检查； 2）负责编制项目的装饰施工组织设计、专项方案文件，并对其实施情况进行督促、检查与总结； 3）指导项目部完成工程技术资料的准备及前期手续的办理，掌握项目人员的组建情况，提出合理化建议； 4）指导项目部完成重要工序、专项工程施工方案及重大质量事故处理方案，并对实施情况进行检查与督促； 5）对项目部档案技术资料进行过程控制； 6）负责装饰图纸变更的交底，技术交底； 7）负责项目的变更签证工作； 8）指导项目部完成验收前及正式验收准备工作
11	钢结构经理	协调项目施工生产各种资源，召开生产例会，组织安全质量检查等

续表

序号	岗位	岗位职责
12	安全总监	1）贯彻落实国家安全生产法律法规和公司的安全生产规章制度； 2）建立健全安全生产保障体系、监督体系、管理制度； 3）贯彻国家及地方的有关工程安全与文明施工规范，确保工程总体安全与文明施工目标和阶段安全与文明施工目标的顺利实现； 4）对工程施工安全具有一票否决权
13	办公室主任	1）熟悉公司各项工作业务环节，做好经理的助手，及时完成经理交办的各项工作； 2）认真贯彻执行党和国家制定的各项方针、政策，协助制定公司的日常管理制度，协调各部门、各单位之间的关系； 3）根据经理指示，参与行政办公会议、有关专业性会议的筹备； 4）对会议形成的文件下发后，及时组织检查，了解每个文件的实际执行情况，将执行中存在的问题向经理反映，及时协调解决； 5）定期对下发文件的执行情况进行总结，对于在日常业务方面具有规律性的东西，通过总结列入有关规章制度中
14	技术部经理	1）负责组织、指导、协调项目的设计工作，确保设计工作按合同要求组织实施； 2）对设计进度、质量和费用进行有效的管理与控制； 3）组织设计图纸内审和外审； 4）组织编制设计完工报告，并参与项目完工报告的编制工作； 5）领导设计管理部、BIM 小组工作
15	质量总监	1）贯彻落实国家的各项质量标准、规范； 2）组织编制质量计划，负责组织检查、监督、考核和评价项目质量计划的执行情况，验证实施效果并形成报告；对出现的问题、缺陷或不合格，召开质量分析会，并制定整改措施； 3）负责对接政府质量监管部门，落实各项整改工作； 4）对现场的工程质量具有一票否决权
16	区段经理	1）负责对应区段工程的安全生产、技术质量管理工作； 2）协助配合设计经理、采购经理、计划经理、生产经理安排项目的设计、采购、使用进度计划和执行

项目部部门设置及其职责 表 7.3.1-2

序号	部门名称	部门职责
1	BIM工作部	1）负责 BIM 协调管理； 2）负责项目各专业 BIM 模型整合、管理及维护； 3）配合项目其他部门，提供 BIM 技术支持
2	质量管理部	1）贯彻执行国家有关工程施工规范、工艺标准、质量标准及规定，确保项目总体质量目标和阶段质量目标的实现； 2）编制专项计划，包括质量检验计划、过程控制计划、质量预控措施等； 3）组织检查各工序施工质量，组织重要部位的预检和隐蔽工程检查； 4）组织分部工程的质量核定及单位工程的质量评定；针对不合格品发出"不合格品报告"或"质量问题整改通知"，并监督落实； 5）定期对收集的质量信息进行数据分析，召开质量分析会议，找出影响工程质量的原因，采取纠正措施，定期评价其有效性并反馈给企业

续表

序号	部门名称	部门职责
3	技术管理部	1）负责各专业技术方案编制与审核； 2）参与编制项目质量计划、职业健康安全管理规划、环境管理计划； 3）负责各项工程技术措施的落实； 4）组织科技成果鉴定及示范工程的验收，组织工法、专利的编写、报审或申报工作； 5）对项目所涉及的知识产权进行管理
4	试验室	负责工程试验工作
5	资料室	1）负责项目资料的收集； 2）应按档案管理的标准和规定，将设计、采购、施工阶段形成的文件和资料进行归档，档案资料应真实、有效和完整
6	测量室	负责测量工作，包括控制网的建立及管控
7	商务合约部	1）负责各项合同的谈判、策划及各类变更协议的起草、执行工作； 2）负责总承包自行完成部分的工程量复核，变更量的估算，增、减合同额变更的管理； 3）完成各类专业分包及劳务分包招标任务；应依据合同约定和企业授权，订立设计、采购、施工或其他咨询服务分包合同； 4）负责索赔签证等相关事项的管理工作； 5）负责分包单位之间商务事件的互相协调； 6）全过程跟踪检查合同履行情况，收集和整理合同信息和管理绩效评价，并应按规定报告项目经理； 7）应对合同文件定义范围内的信息、记录、函件、证据、报告、合同变更、协议、会议纪要、签证单据、图纸资料、标准规范及相关法规等进行收集、整理和归档
8	物资采购部	1）熟悉所购物资的供应渠道和市场情况，确保正常供应； 2）熟悉和掌握工程所需各类物资的名称、型号、规格、价格、用途和产地； 3）组织物资设备订货洽谈，检查供货合同的落实情况； 4）应根据采购执行计划确定的采买方式实施采买； 5）依据采购合同约定，应按检验计划，组织具备相应资格的检验人员，根据设计文件和标准规范的要求确定其检验方式，并进行设备、材料制造过程中以及出厂前的检验；重要、关键设备应驻厂监造； 6）依据采购合同约定的交货条件制定设备、材料运输计划并实施； 7）根据合同变更的内容和对采购的要求，应预测相关费用和进度，并应配合项目部实施和控制； 8）制定并执行物资发放制度，根据批准的领料申请单发放设备、材料，办理物资出库交接手续，认真监督各分包单位材料员的材料收发工作； 9）应对设备、材料进行入场检验、仓储管理、出入库管理和不合格品管理等； 10）配合各类应急物资的准备和实施； 11）负责不合格物资的处置和记录； 12）设计阶段提前介入，为设计提供材料设备、方案选择的经济支撑； 13）组织设计、技术、工程、物资在采购准备期进行材料采购策划； 14）应编制项目机具需求和使用计划。对进入施工现场的机具应进行检验和登记，并按要求报验。对现场施工机具的使用进行统一管理
9	财务管理部	1）施工成本核算； 2）财务合规性管理； 3）税务管理、现金流量管理；

续表

序号	部门名称	部门职责
9	财务管理部	4）应根据项目进度计划、费用计划、合同价款及支付条件，编制项目资金流动计划和项目财务用款计划，按规定程序审批和实施； 5）应依据合同约定向项目发包人提交工程款结算报告和相关资料，收取工程价款； 6）进行项目资金策划，分析项目资金收入和支出情况，降低资金使用成本，提高资金使用效率，规避资金风险； 7）项目竣工后，应完成项目成本和经济效益分析报告
10	计划管理部	1）编制、调整工程总进度计划、单项工程进度计划和单位工程进度计划； 2）对工期计划进行跟踪与监督考核，检查施工进度计划中的关键路线、资源配置的执行情况，并提出施工进展报告； 3）对各阶段现场平面部署进行规划、监督管理
11	工程管理部	1）负责现场施工管理、协调及资源调配； 2）监督和协调各专业分包严格按照工程总进度计划，分阶段组织施工，对施工过程的工艺、工序进行控制； 3）对材料、设备进出场进行控制和管理，对场内堆放进行管理； 4）协助安全环保监督管理部对分包进行安全生产及文明施工的管理； 5）负责项目绿色施工措施的策划与实施； 6）根据项目环境管理制度，掌握监控环境信息，采取应对措施
12	机电管理部	1）根据总体施工进度计划，协调各分包商进行专业进度计划编制； 2）负责组织机电分包深化设计工作，负责深化设计进度控制，负责机电专业内部设计协调工作； 3）负责机电分包的协调、督促与管理； 4）负责项目现场的临水、临电及消防系统的配置与维修管理
13	装饰管理部	1）负责装饰装修工程的施工管理、协调及资源调配； 2）负责审核装饰专业分包的施工方案，对装饰工程施工过程中的工艺、工序进行检查与监督； 3）起草装饰分包之间的协调运行规章制度，统一质量标准，落实合同约定的工作界面划分及其责任
14	安全环保监督管理部	1）编制安全管理计划，制定各项施工安全管理制度，明确各岗位人员责任、责任范围和考核标准； 2）依据分包合同和安全生产管理协议的约定，明确各自的安全生产管理职责和应采取的安全措施，并指定专职安全生产管理人员进行安全生产管理与协调； 3）对施工安全管理工作负责，并实行统一的协调、监督和控制； 4）组织项目的职业健康安全教育； 5）按安全检查制度组织现场安全检查，掌握安全信息，召开安全例会，发现和消除安全隐患； 6）建立和制定项目安全应急预案并进行全员应急预案演练； 7）参与项目职业健康安全与环境管理规划、管理方案的编制，落实相关责任； 8）负责项目的环境管理与监督，实施环境监测； 9）负责环境应急准备检查，按应急预案进行响应； 10）负责施工现场的CI形象策划及管理工作
15	综合办公室	1）制定项目部综合管理制度，处理项目部公文往来和日常行政事宜； 2）负责信息平台维护、会议纪要、食堂、安保、接待管理及生活区后勤管理工作； 3）负责社会关系协调工作； 4）对各部门工作计划进行考核；

续表

序号	部门名称	部门职责
15	综合办公室	5）负责对外宣传工作； 6）负责起草项目部综合计划、总结和文稿，完成领导交办的其他文字工作
16	党群工作部	1）负责党群、工会工作，与地方党工团建立联系； 2）贯彻落实党的路线、方针、政策，执行并组织落实党委决议，并检查督促党委决议的贯彻执行； 3）深入基层调查研究，了解、分析和掌握员工思想动态； 4）加强对公司党员干部的宣传教育和精神文明建设； 5）协助处理周边及外部社会关系

7.3.2 施工部署

天府机场航站区一标段工程建设内容包括：T1 航站楼的基础（含登机桥、电梯、扶梯、行李分拣、配电设备、发电机组、空调器等设备的基础，幕墙基础和钢结构基础等全部基础）及结构工程；现场服务大楼的基础、结构、幕墙、部分装饰及小区总图工程；T1 航站楼范围内大铁土建工程；基坑开挖及室内外的回填；T1 航站楼站前及转换区高架桥的土建及附属设施工程；T1 航站楼施工范围内 APM 站台和 1 号行李管廊的土建、1 号综合管廊进 T1 航站楼的支管廊的土建；25m 空侧服务车道的土建及部分管线埋设、登机桥固定端（非成品）和桥头堡的土建；预埋钢筋、吊件、铁件、套管；墙面、楼地面的开洞；开孔的封堵；航站区 T1 航站楼土建施工及一标段范围红线内的管理总承包等工作内容，如图 7.3.2-1 所示。

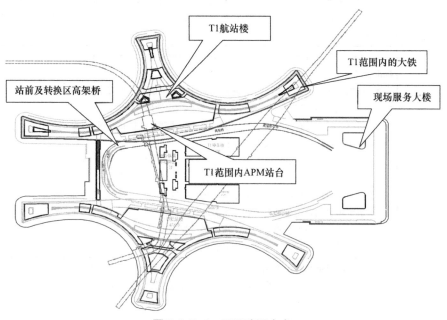

图 7.3.2-1 工程建设内容

　　按照前期结构、中期安装及后期装饰三个大的阶段组织施工，其他各专业协调配合主线施工。首先进行航站楼结构施工，钢结构柱穿插进行；东侧钢屋盖边网架完成后开始高架桥上部结构施工，钢结构屋盖完成后开始分阶段进行空侧服务道施工。

　　工程施工区域见表 7.3.2-1。

工程施工区域分区　　　　　　　　　　　　　　　　表 7.3.2-1

区域	分区	分段
T1 航站楼	整个航站楼根据伸缩缝及后浇带划分为 A、B、C、D 四个平行作业区	根据后浇带的设置划分为若干个流水段进行区内流水施工。C 区影响部位先进行大铁地下结构的施工，待大铁施工完成后再进行指廊结构施工
T1 航站楼站前及转换区高架桥	整个高架桥在平面上划分为三个施工段组织施工	按照现场提供的作业条件，在不影响钢屋盖结构吊装的前提下，组织分段穿插施工
现场服务大楼	现场服务大楼每层划分为一个施工作业区，在 A 区主体结构基本完成后，由 A 区劳务队进行施工	根据后浇带设置情况再来划分施工段

7.3.3　协同组织

7.3.3.1　高效建造管理流程

1. 快速决策事项识别

为了实现高效建造，需要梳理影响项目建设的重大事项，对重大事项进行确定，根据项目重要性实现快速决策，优化企业内部管理流程，降低过程时间成本。快速决策事项识别见表 7.3.3-1。

快速决策事项识别

表 7.3.3-1

序号	管理决策事项	公司	分公司	项目部
1	项目班子组建	√	√	
2	项目管理策划	√	√	√
3	总平面布置	√	√	√
4	重大分包商（桩基队伍、土方队伍、主体队伍、二次结构队伍、钢结构、粗装修等）	√	√	√
5	重大方案的落地	√	√	√
6	重大招采项目（塔式起重机、钢筋、混凝土等）	√	√	√

注：相关决策事项需符合"三重一大"相关规定。

2. 高效建造决策流程

根据项目的建设背景和工期管理目标，对企业管理流程进行适当调整，给予项目一定的决策汇报请示权，优化项目重大事项决策流程，缩短企业内部多层级流程审批时间。

在天府机场项目设立公司级指挥部，由公司总工程师担任指挥长，指挥部成员包括公司各部门经理、分公司班子成员。针对重大事项，项目部经过班子讨论形成意见书，报送项目指挥部请示。请示通过后，按照常规项目完善各项标准化流程。

7.3.3.2　设计与施工组织协同

1. 建立畅通的信息沟通机制

建立设计管理交流群，设计与现场工作相互协调；设计应及时了解现场进度情况，为现场施工创造便利条件；现场应加强与设计的沟通与联系，及时反馈施工信息，快速推进工程建设。

2. BIM 协同设计及技术联动应用制度

为最大限度地解决好设计碰撞问题，总承包单位前期组织建立 BIM 技术应用工作团队入驻设计单位办公，统一按设计单位的相关要求进行模型创建，发挥 BIM 技术的作用，提前发现有关设计的碰撞问题，提交设计人员及时进行纠正。

施工过程中采取"总承包单位牵头，以 BIM 平台为依托，带动专业分包"的 BIM 协同应用模式，需覆盖土建、机电、钢结构、幕墙及精装修等所有专业。

3. 重大事项协商制度

为控制好投资，做好限额设计与管理各项工作，各方应建立重大事项协商制度，及时对涉及重大造价增减的事项进行沟通、协商，对预算费用进行比较，确定最优方案，在保证投资总额的前提下，确保工程建设品质。

4. 顾问专家咨询制度

建立重大技术问题专家咨询会诊制度，对工程中的重难点进行专项研究，制定切实可行的实施方案，并对涉及结构与作业安全的重大方案实行专家论证。

7.3.3.3 设计与采购组织协同

1. 设计与采购的沟通机制

设计与采购沟通机制见表 7.3.3-2。

设计与采购的沟通机制 表 7.3.3-2

序号	项目	沟通内容
1	材料、设备的采购控制	通过现场施工情况，物资采购部对工程中规格异形的材料，提前调查市场情况，若市场上的材料不能满足设计及现场施工的要求，则与生产厂家联系，提出备选方案，同时向设计反馈实际情况，进行调整。确保设计及现场施工的顺利进行
2	材料、设备的报批和确认	对工程材料设备实行报批确认的办法，其程序为： 1）编制工程材料设备确认的报批文件；施工单位事先编制工程材料设备确认的报批文件，内容包括：制造商（供应商）的名称、产品名称、型号规格、数量、主要技术数据、参照的技术说明、有关的施工详图、使用在本工程的特定位置以及主要的性能特性等； 2）设计在收到报批文件后，提出预审意见，报发包方确认； 3）报批手续完毕后，发包方、施工、设计和监理各执一份，作为今后进场工程材料设备质量检验的依据
3	材料样品的报批和确认	按照工程材料设备报批和确认程序实施材料样品的报批和确认；材料样品报发包方、监理、设计院确认后，实施样品留样制度，将样品进行标注后封存留样，为后期复核材料质量提供依据

2. 设计与采购选型协同流程

设计与采购协同流程见图 7.3.3-1。

3. 设计与采购选型协调

（1）电气专业采购选型与设计协调内容见表 7.3.3-3。

（2）给水排水专业采购选型与设计协调内容见表 7.3.3-4。

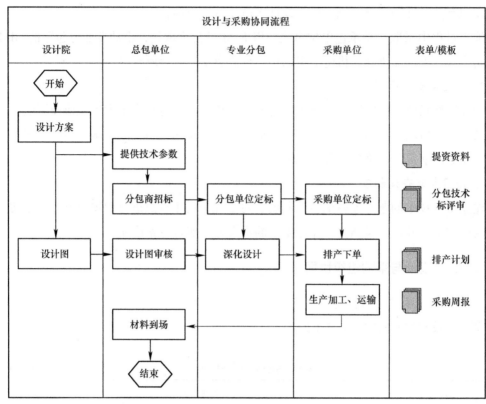

图 7.3.3-1 设计与采购协同流程

电气专业采购选型与设计协调内容　　　　表 7.3.3-3

序号	校核参数	专业沟通
1	负荷校核（包括电压降）	1）根据电气系统图与平面图列出图示所有回路的如下参数：配电箱/柜编号、回路编号、电缆/母线规格、回路负载功率/电压； 2）向电缆/电线/母线供应商收集电缆的载流量、每公里电压降，选取温度与排列修正系数； 3）对于多级配电把所有至末端的回路全部进行计算，得到最不利的一条回路，核对电压降是否符合要求，如果电压降过大，则采用增大电缆规格的方法来减少电压降
2	桥架规格	1）根据负荷计算出所有电缆规格，对应列出电缆外径； 2）对每条桥架内的电缆截面积进行求和计算，计算出桥架的填充率（电力电缆不大于40%，控制电缆不大于50%），同时要根据实际情况进行调整； 3）线槽内填充率：电力电缆不大于20%
3	配电箱/柜断路器校核	1）断路器的复核：利用负荷计算表的数据，核对每个回路的计算电流，是否在该回路断路器的安全值范围内； 2）变压器容量的复核：在所有回路负荷计算完成后，进行变压器容量的复核； 3）配电箱、柜尺寸优化（合理优化元器件排布、配电箱进出线方式等）
4	照明回路校核	1）根据电气系统图与平面图列出图示所有回路的如下参数：配电箱/柜编号、回路编号、电缆/母线规格、回路负载功率/电压； 2）根据《民用建筑电气设计规范》JGJ 16—2008 中用电负荷选取需要的系数，按相关计算公式计算出电压降及安全载流量是否符合要求

续表

序号	校核参数	专业沟通
5	电缆优化	1）根据电气系统图列出所有回路的参数：如电缆/母线规格等； 2）向电缆/母线供应商收集载流量，选取温度与排列修正系数； 3）电缆连接负载的载荷复核； 4）根据管线综合排布图进行电缆敷设线路的优化
6	灯具照度优化	应用 BIM 技术对多种照明方案进行比对后，重新排布线槽灯的布局，选择合理的排布方式，确定最优照明方案，确保照明功率以及照度、外观满足使用要求，符合绿色建筑标准

给水排水专业采购选型与设计协调内容 表 7.3.3-4

序号	校核参数	专业沟通
1	生活给水泵扬程	1）根据轴测图选择最不利配水点，确定计算管路，若在轴测图中难判定最不利配水点，则同时选择几条计算管路，分别计算各管路所需压力，其最大值方为建筑内给水系统所需压力； 2）根据建筑的性质选用设计秒流量公式，计算各管段的设计秒流量值； 3）进行给水管网水力计算，在确定各计算管段的管径后，对采用下行上给式布置的给水系统，计算水表和计算管路的水头损失，求出给水系统所需压力。给水管网水头损失的计算包括沿程水头损失和局部水头损失两部分
2	排水流量和管径校核	1）轴测图的绘制：根据系统流程图、平面图上水泵管道系统的走向和原理大致确定最不利环路，并根据 Z 轴 45° 方向长度减半的原则绘制出管道系统的轴测图； 2）根据建筑的性质选用设计秒流量公式，计算各管段的设计秒流量值； 3）计算排水管网起端的管段时，因连接的卫生器具较少，计算结果有时会大于该管段上所有卫生器具排水流量总和，这时应按该管段所有卫生器具排水流量的累加值作为排水设计秒流量
3	雨水量计算	1）暴雨强度计算应确定设计重现期和屋面集水时间两个参数； 2）汇水面积按"m²"计。对于有一定坡度的屋面，汇水面积按水平投影面积计算。窗井、贴近高层建筑外墙的地下汽车库出入口坡道，应附加其高出部分侧墙面积的 1/2。同一汇水区内高出的侧墙多于一面时，按有效受水侧墙面积的 1/2 折算汇水面积
4	热水配水管网计算	1）热水配水管网的设计秒流量可按生活给水（冷水）设计秒流量公式进行计算； 2）卫生器具热水给水额定流量、当量、支管管径和最低工作压力同给水规定
5	消火栓水力计算	1）消火栓给水管道中的流速一般以 1.4~1.8m/s 为宜，不允许大于 2.5m/s； 2）消防管道沿程水头损失的计算方法与给水管网计算相同，局部水头损失按管道沿程水头损失的 10% 计算
6	水泵减振设计计算	当水泵确定后，需设计减振系统，减振系统形式采用惯性块+减振弹簧组合方式； 减振系统的弹簧数量采用 4 个或 6 个为宜，但实际应用中每个受力点的受力并不相等，应根据受力平衡和力矩平衡的原理计算每个弹簧的受力值，并根据此数值选定合适的弹簧及计算出弹簧的压缩量，以尽量保证减振系统中的水泵在正常运行时是水平姿态
7	虹吸雨水深化	1）对雨水斗口径进行选型设计，对管道的管径进行选型设计； 2）雨水斗选型后，对系统图进行深化调整，管材性质按原图纸不变

（3）暖通专业采购选型与设计协调内容见表 7.3.3-5。

暖通专业采购选型与设计协调内容 表7.3.3-5

序号	校核参数	专业沟通
1	空调循环水泵的扬程	1）轴测图的绘制：根据系统流程图、平面图上水泵管道系统的走向和原理大致确定最不利环路，并根据 Z 轴 45° 方向长度减半的原则绘制出管道系统的轴测图； 2）编号和标注：有流量变化的点必须编号，有管径变化或有分支的点必须编号，设备进出口有独立编号。编号的目的是计算时便于统计相同管径或流量的段内的管道长度、配件类别和数量并便于使用统一的计算公式
2	空调机组 /送风机 /排风机机外余压校核	1）计算表需包含以下内容： ① 管段编号； ② 管段内详细的管线、管配件、阀配件的情况（型号及数量）； ③ 实际管段的流速； ④ 根据雷诺数计算直管段阻力系数 λ 或查表确定 λ，计算出比摩阻； ⑤ 计算直管段摩擦阻力值（沿程阻力）； ⑥ 查表确定管配件或阀件、设备的局部阻力系数或当量长度； ⑦ 汇总管段内的阻力。 2）计算中可能涉及一些串接在系统中的设备的阻力取值，例如消声器、活性炭过滤器等，须按照实际选定厂家给定的值确定
3	空调循环水泵的减振设计校核	1）当空调循环水泵确定后，需要设计减振系统，减振系统形式采用惯性块 + 减振弹簧组合方式；惯性块的质量取水泵质量的 1.5～2.5 倍，推荐为 2 倍，惯性块采用槽钢或 6mm 以上钢板外框 + 内部配筋，然后浇筑混凝土，预埋水泵固定螺杆或者预留地脚螺栓安装孔，密度按 $2000\sim2300kg/m^3$ 计算； 2）当系统工作压力较大时，需要计算软接头处因内部压强引起的一对大小相等方向相反的力对减振系统的影响； 3）端吸泵的进出口需要从形式设计上采取措施，使得进出口软接头位于立管上，这样系统内对软接头两侧管件的推力会传递到减振惯性块上（下）部及从上部传递到弯头或母管上； 4）减振系统的弹簧数量采用 4 个或 6 个为宜，但实际使用中每个受力点的受力并不相等，根据受力平衡和力矩平衡的原理计算每个弹簧的受力值，并根据此数值选定合适的弹簧及计算出弹簧的压缩量，以尽量保证减振系统中的水泵在正常运行时是水平姿态
4	风管系统的消声器校核	1）对于噪声敏感区域，如办公室，商铺、公共走道等区域需要考虑消声降噪措施，其中一个主要控制措施为区域内的风口噪声；在风道风速已控制在合理范围的情况下，风口噪声主要为设备噪声的传递，为降低设备噪声对功能房内的影响，需要按设计要求选择合适的消声器； 2）根据设备噪声数据，结合管线具体走向、流速、弯头三通情况、房间内风口分布情况等计算出消声器需要具备的各频率下的插入损失值，并结合厂家的型号数据库选出消声器型号
5	室外冷却塔消声房的设计校核	1）冷却塔散热风扇需要具有 50Pa 的余量，这样即使冷却塔进排风回路附加了 50Pa 消声器阻力值，也不影响冷却塔的散热能力； 2）根据冷却塔噪声数据，计算冷却塔安装区域到最近的敏感区域的影响，并计算出达到国家规定的环境噪声标准时需要设置的消声器的消声量，然后据此选出厂家对应型号； 3）为保证气流经消声器的阻力不大于 50Pa，控制进风气流速度不大于 2m/s。一般，冷却塔设置在槽钢平台上，以使拼接后的冷却塔为一整体。槽钢平台下设置大压缩量弹簧，建议压缩量为 75～100mm 以提高隔振效率。弹簧为水平和垂直方向限位弹簧并有橡胶阻尼，防止冷却塔在大风、地震等恶劣天气下出现倾倒

续表

序号	校核参数	专业沟通
6	防排烟系统风机压头计算	1）当一台排烟风机负责两个及以上防火分区时，风机风量是按最大分区面积 ×60m³/（h·m²）×2 确定的，但每个防烟分区内排烟量仍然是面积 ×60m³/（h·m²）。计算时选定了两个最不利防火分区并假定两分区按设计状态运行，此时两分区排烟量值一般是不大于排烟风机设计风量，但在两分区汇总后的排烟总管，须按照排烟风机的设计风量进行计算； 2）楼梯加压及前室加压计算，需根据消防时开启的门的数量，保证风速计算，用门缝隙漏风量计算方法检验，取两者大值
7	空调冷热水管的保温计算	1）厂家、材质、密度等不同的保温材料导热系数各异，如选用厂家资料与设计条件有偏离，需要进行保温厚度计算； 2）空调冷冻水一般采用防结露法计算，高温热水管道一般采用防烫伤法计算
8	空调机组水系统电动调节阀 CV 值计算及选型	当空调机组选定后，空调机组水盘管在额定流量下的阻力值由设备厂家提供，依据此压降数值，按照电动调节阀压降不小于盘管压降的一半确定阀门压降，流量按盘管额定流量计算出阀门流通能力，并根据这些数据，查厂家阀门性能表确定具体型号

（4）智能化专业采购选型与设计协调内容见表 7.3.3-6。

智能化专业采购选型与设计协调内容　　　　　　　表 7.3.3-6

序号	校核参数	专业沟通
1	桥架规格	1）把每条桥架内的电缆截面积进行求和计算，计算出桥架的填充率（控制电缆不大于 50%），但也要根据实际情况进行调整； 2）线槽内填充率：控制电缆不大于 40%
2	DDC 控制箱校核	1）DDC 控制箱元器件的复核：利用建筑设备监控系统点位表，核对每个 DDC 箱体内模块数量，以及相应的 AI、AO、DI、DO 点个数，校核所配备的接线端子数量，并考虑一定预留量； 2）DDC 控制箱尺寸优化（合理优化元器件排布、DDC 模块滑轨位置、DDC 控制箱进出线方式等）
3	交换机规格校核	根据核心交换机所接入的交换机个数、交换容量、包转发率等参数信息，并考虑一定冗余，确定核心交换机的背板带宽、交换容量、包转发率等参数
4	视频监控存储优化	1）根据视频监控系统的存储要求，以及视频存储码流、存储时间等参数，计算出实际存储总容量； 2）考虑视频监控存储方式、热盘备份、存储空间预留等因素，确定合适的存储硬盘数量以及合理的视频存储方案
5	智能化设备强电配电功率优化	1）根据 UPS 末端设备确定 UPS 实际容量，并考虑一定电量预留，确定强电配电功率； 2）根据 LED 大屏的屏体面积以及每平方米的平均功耗等参数，确定 LED 大屏的平均用电功率，考虑到屏体开机时的峰值功率约为平均功率的 2 倍，重新确定强电配电功率
6	与机电专业配合	1）智能化专业设计阶段应与电气、给水排水、电梯、暖通、消防等专业进行协调沟通； 2）信息插座附近需配置强电插座，便于后期使用； 3）楼控系统点表与机电专业设备接口吻合； 4）弱电井、弱电间、机房等接地设置齐全

7.3.3.4　采购与施工组织协同

1. 材料设备供应管理总体思路

为满足建造工期实际需要，工程短期内采购及安装的设备材料种类及数量集中度高，且多为国内外知名品牌设备材料，大量的设备材料采购、供应、储存、周转工作难度大，设备、材料的供应工作是项目综合管理的重要环节，是确保工程顺利施工的关键。

2. 材料设备协同管理

材料设备需用计划通过严肃性、灵活性与预见性相结合的原则进行编制，计划的审批要严格把关，商务审核人员重点审核供应范围、控制计划数量；生产审核人员重点审核材料设备的种类、规格型号、清单数量、交货日期、特殊技术要求等，确保计划的整体性和严密性，减少失误，提高效率；物资采购部门按照供应方式不同，对所需要的材料设备进行归类汇总平衡，结合施工使用、库存等情况统筹编制采购计划，明确材料设备的排产周期、生产周期、运输周期等提高采购的准确性和成本的控制。采购人员向供应商订货过程中，应注明产品的品牌、名称、规格型号、单位、数量、主要技术要求（含质量）、进场日期、提交样品时间等，对材料设备的包装、运输等方面有特殊要求时，也应在材料设备订货计划中注明。

采购负责人根据工程材料设备的需用计划和总进度计划编制招标计划，计划中应有采购方式的确定、采购责任人、计划编制人员、招标周期、定标时间、采购订单确认时间、拟投标候选供应商等，还应根据材料设备的技术复杂程度、市场竞争情况、采购金额以及数量大小确定招标方式：集中招标、概算控制招标、公开招标、议标等。

供应商作为采购的供应主体，通过调研资源市场，不断发现并按照规定程序引入优质的国内外供应商，逐渐培育并形成战略合作伙伴，通过对供应商资质、价格、质量、供应能力、国际认证或相关质量认证、售后服务等比较和综合考评筛选出满足需求的合格供应商，通过全员积极主动地推荐优质资源，拓宽优秀供应商的引入途径，实现资源库的优质和充足。

7.3.4　资源配置

7.3.4.1　劳动力配备计划

依据工程总体管理目标，结合施工部署及施工进度计划安排，工程高峰期投入劳动力2014人，劳动力总计划柱状图见图7.3.4-1。

7.3.4.2　主要施工机械配备计划

根据施工需要，工程主要施工机械配备计划如下：

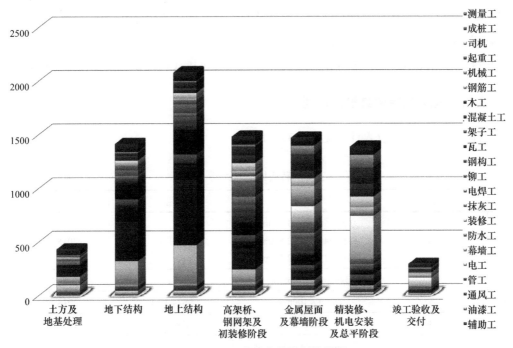

图例（从上到下）：测量工、成桩工、司机、起重工、机械工、钢筋工、木工、混凝土工、架子工、瓦工、钢构工、铆工、电焊工、抹灰工、装修工、防水工、幕墙工、电工、管工、通风工、油漆工、辅助工

横坐标（从左到右）：土方及地基处理、地下结构、地上结构、高架桥、钢网架及初装修阶段、金属屋面及幕墙阶段、精装修、机电安装及总平阶段、竣工验收及交付

图 7.3.4-1 劳动力总计划柱状图

1. 土方施工阶段

土方工程施工主要分为桩基施工、土方开挖及抗锚杆施工三个部分。

工程中选用 SR—250R 型旋挖机进行施工，根据总进度计划安排，工程桩及支护桩施工共计采用 23 台旋挖机。

土方开挖根据施工区域的划分，投入两组土方施工机械分段流水作业。土方开挖主要机械配置数量为：大型挖掘机 21 台，装载机 6 辆，自卸汽车 41 辆，打夯机 24 台，混凝土喷射机 10 台。

根据抗浮锚杆的长度和直径，工程抗浮锚杆采用冲孔灌注成形的方式，选用 ZS—70 锚杆钻机，根据总进度计划安排，抗浮锚杆施工共计采用 23 台锚杆钻机。

2. 钢筋混凝土结构阶段

为满足工程主体结构施工期间钢筋、模板、钢管等材料垂直运输需求，分阶段安装 36 台臂长 50～60m 的固定式自升塔式起重机，2 台 80t 汽车起重机和 7 台 50t 汽车起重机。

3. 钢结构施工阶段

钢网架结构施工时采用 25t 汽车起重机 33 台，50t 汽车起重机 9 台，70t 汽车起重机 1 台，200t 汽车起重机 1 台，220t 汽车起重机 1 台，50t 履带起重机 1 台，曲臂车高空车 4 台，剪叉式高空车 30 台。

房中房钢结构、登机桥钢桁架及陆侧高架桥钢连桥投入 25t 汽车起重机 12 台，80t 汽车起重机 1 台，120t 汽车起重机 2 台，剪叉式高空车 8 台，直臂式高空车 3 台。

4. 装饰装修、机电安装阶段

共投入 SC100/100 物料提升机 13 台，25t 汽车起重机 4 台，剪叉式高空车 12 台。

7.3.4.3 主要周转料具投入计划

工程主要周转料具投入计划见表 7.3.4-1。

主要周转料具投入计划　　　　　　　　表 7.3.4-1

序号	材料名称	规格	需用量	开始进场时间
1	盘扣钢管	立杆 ϕ60mm × 3.2mm 横杆 ϕ48mm × 2.5mm 斜杆 ϕ33mm × 2.3mm	7880t	2018 年 2 月
2	钢管	ϕ49.3mm × 3.6mm	8329t	2018 年 2 月
3	木方	50mm × 100mm	9674.35m³	2018 年 2 月
4	木跳板	50mm 厚	176.24m³	2018 年 2 月
5	模板	1830mm × 930mm × 15mm	59.5 万 m²	2018 年 2 月
6	模板	1830mm × 930mm × 18mm	7900 万 m²	2018 年 2 月
7	扣件	旋转、直角、对接	120 万个	2018 年 2 月
8	可调托撑	L=600mm，ϕ≥36mm	30 万个	2018 年 2 月

7.3.4.4 主要工程材料投入计划

主要工程材料投入计划见表 7.3.4-2。

主要工程材料投入计划　　　　　　　　表 7.3.4-2

序号	材料名称	需用量	开始进场时间
1	砌体（二次结构）	5.56 万 m³	2019 年 3 月
2	防水卷材	19.9 万 m²	2018 年 3 月
3	钢筋	9.45 万 t	2017 年 11 月
4	商品混凝土	69.69 万 m³	2017 年 11 月
5	预拌流态固化土	1.5 万 m³	2018 年 7 月
6	商品砂浆	3.34 万 m³	2019 年 3 月
7	钢结构	3.85 万 t	2018 年 5 月
8	玻璃幕墙	10 万 m³	2019 年 7 月
9	蜂窝铝板幕墙	8 万 m³	2019 年 7 月
10	铝镁锰板屋面板	16.5 万 m³	2020 年 4 月
11	调频质量阻尼器（TMD）	113.5t（98 个）	2020 年 4 月

7.3.4.5 主要工艺设备资源配置

主要工艺设备资源配置见表 7.3.4-3。

主要工艺设备资源配置表   表 7.3.4-3

序号	材料名称	设备数量
1	多联机	72 台
2	空调机组	202 台
3	水泵	187 台
4	隔油设备	18 台
5	高低压配电柜	396 台
6	风机	408 台
7	风机盘管	22 台
8	柴油发电机	6 台
9	厨房排烟	18 台
10	电缆	7237 套
11	电线	1179197m
12	母线	12606m

7.3.4.6 分包资源配置

优先考虑具有机场航站楼或大型公建项目施工经验、配合较好、能打硬仗的劳务队伍，同时也要考虑"就近原则"，在劳动力资源上能实现共享，随时能调度周边项目资源。专业分包资源选择上，向业主建议在招标前，邀请全国实力较强的专业分包单位，进行施工及深化设计方案多轮次的汇报，整合资源，为业主后期选择好的专业分包单位打下基础。主要专业分包资源配置见表 7.3.4-4。

主要专业分包资源配置表   表 7.3.4-4

序号	专业工程名称	专业工程分包商名称	劳动力（人）
1	钢结构	中建科工集团有限公司	850
2	金属屋面	森特士兴集团股份有限公司	420
3	幕墙工程	深圳市三鑫科技发展有限公司	350
4		沈阳远大铝业工程有限公司	60
5	机电安装	四川省工业设备安装集团有限公司	557
6	消防工程	北京利华消防有限公司	200
7		上海安装	50
8	行李系统工程	民航成都物流技术有限公司	200

续表

序号	专业工程名称	专业工程分包商名称	劳动力（人）
9	信息弱电工程	北京中航弱电系统集成有限公司	160
10		民航成都电子技术有限责任公司	80
11	泛光照明工程	浙江永麒照明工程有限公司	32
12	电梯工程	通力电梯有限公司	80
13	扶梯工程	上海三菱电梯有限公司	20
14	步道工程	日立电梯（中国）有限公司四川分公司	20
15	防火涂料工程	江苏兰陵涂装工程有限公司	120
16	普装修工程	上海中间建筑装饰工程有限公司	295
17		四川仟坤建设集团有限责任公司	130
18	精装修工程	华鼎建筑装饰工程有限公司	500
19		深圳洪涛集体股份有限公司	251
20		华翔飞建筑装饰工程有限公司	260
21		深圳市晶宫设计装饰工程有限公司	275
22		中建八局装饰工程有限公司	210
23		浙江亚厦装饰股份有限公司	200
24		苏州金螳螂建筑工程有限公司	144
25	室外工程	四川中成志和工程项目管理有限公司	30

7.4　高效建造技术

7.4.1　基础阶段技术

7.4.1.1　智能化桩基施工技术

智能化桩基施工技术见表 7.4.1-1。

智能化桩基施工技术　　　　　　　　表 7.4.1-1

序号	项目	内容
1	技术背景	机场航站楼采用大直径成孔灌注桩基础，支护工程采用排桩支护，支护桩及工程桩共计 5055 根，现场水位高，地质条件较复杂，软弱层范围分布较广，旋挖桩基成孔成功率低，施工效率低，常规的桩基成孔技术已无法满足现场需求
2	技术特点	在群桩桩长验算中应用桩长刚性角验算软件代替人工计算，提高计算速度和管理人员的工作效率，保证计算的准确性和及时性；应用旋挖钻机云远程监控系统，实现桩基成孔施工数据自动记录、无线传输、预警分析、远程控制，减少现场管理工作量，减少施工人员投入；通过成孔机械防碰撞系统应用，为成孔机械增加防碰撞预警系统，避免了作业过程中的机械碰撞或撞人事故，明显提高了成孔操作的安全性；通过采用孔下摄像设备，实现了成孔效果和孔底沉渣厚度的视频显示、影像记录，确保了成孔质量检查的快捷、准确、可追溯

续表

序号	项目	内容
3	技术效果	应用智能化桩基综合施工技术，大大减少了成孔机械的施工间断时间和低负荷运转时间，提高了台班利用率，还确保了现场安全，该项技术可节约工期105d
4	附图	

深孔内图片

7.4.1.2　高填方区可回收再利用边坡支护施工技术

高填方区可回收再利用边坡支护施工技术见表7.4.1-2。

高填方区可回收再利用边坡支护施工技术　　　　　表7.4.1-2

序号	项目	内容
1	技术背景	天府机场大铁区域土方回填深度高达10m，土质比较疏松且土体具有高压缩性和不均匀性，承载力较低，具有浸水后易失陷的危险性，常规的网喷混凝土边坡支护污染大，不利于安全文明施工及环保要求，材料损耗高，不利于成本控制
2	技术特点	高填方边坡可回收再利用边坡支护施工技术是一种采用绿色装配式轻质复合材料取代传统土钉墙中的网喷混凝土的支护技术，在不改变传统土钉墙支护机理的情况下，采用高分子复合面层取代传统土钉墙编网喷混凝土面层，并用土钉或钢花管加固土体，通过连接件连接成整体对边坡进行有效防护。基坑临时支护使用结束后，对护坡高分子材料面层进行回收。对回收的面层材料进行清理、储存或回炉、再次加工处理，加以重复使用，经济效益明显。回收过程中应严格监测边坡的变形和稳定性，确保回收过程安全可控
3	技术效果	该施工技术中的轻质复合材料面层采用工厂预制加工、现场装配式铺设施工，节省施工工期，原来需要30d完成的施工内容，工期缩短为20d，工期效益显著
4	附图	

装配式边坡安装成形

7.4.1.3　装配式塔式起重机施工技术

装配式塔式起重机施工技术见表 7.4.1-3。

装配式塔式起重机施工技术　　　　　　表 7.4.1-3

序号	项目	内容
1	技术背景	现浇混凝土塔式起重机基础对地基承载力要求较高，若地基承载力不能满足要求，需采用桩基础等地基处理措施，成本高，制作周期长，既影响了工程施工进度又降低了塔式起重机的周转使用率，而且埋在地下未拆除的混凝土基础也不环保
2	技术特点	新型装配式塔式起重机基础技术，主要是对塔式起重机基础平面优化分块、工厂化预制成多块组合体，塔式起重机基础预制块运到现场后通过钢绞线、地脚螺栓等连接件快速组合拼装。在保持基底面积一定的情况下，尽可能增大基础的截面惯性矩和截面抵抗矩，以改善基础的受力性能；通过多次试算对比，确定塔式起重机基础为中间窄、端头宽的平面形状，基础预制块现场拼装完成后，形成一个八角风车形的全预应力结构整体基础。抗倾扭配重块搁置于端件之间且中部悬空，作为抗倾覆和扭转而配置的混凝土预制边缘构件；拼装完成后的塔式起重机基础抗倾覆能力强，对地基承载力要求较低（特征值≥120kPa）。装配式塔式起重机基础使用结束后，对塔式起重机基础预制块进行回收，回收的基础预制块，可再次重复使用
3	技术效果	与传统的钢筋混凝土塔式起重机基础相比，装配式塔式起重机基础具有对地基承载力要求低、安装简单方便、绿色环保的优点。采用装配式塔式起重机基础施工工期快，每台塔式起重机预计可节约工期 8～13d
4	附图	 装配式塔式起重机基础安装成形效果

7.4.1.4　超厚底板大体积混凝土溜管快捷施工技术

超厚底板大体积混凝土溜管快捷施工技术见表 7.4.1-4。

超厚底板大体积混凝土溜管快捷施工技术　　　　　　表 7.4.1-4

序号	项目	内容
1	技术背景	天府机场大铁底板施工期间处于夏季高温雨季，基坑深 25.2m，底板厚 1.8m，混凝土单次最大浇筑方量达 4800m³。按常规方法采用地泵、汽车泵浇筑，最大浇筑速度约 120m³/h，浇筑时间需约 40h，在 25.2m 落差条件下地泵泵管很容易堵管，混凝土浇筑时间将远远超过 40h，混凝土浇筑将经历温度很高的白天，大气温度过高将严重影响大体积混凝土的施工质量，质量隐患大

续表

序号	项目	内容
2	技术特点	溜管施工技术短时间内可快速完成大方量混凝土浇筑，显著节约工期；并相应减少因施工持续时间过长而出现的施工冷缝等通病，有利于减少地下室渗水等质量隐患；溜管设置在基坑内，可减小基坑边场地不足对混凝土浇筑的限制；同时可减少混凝土施工过程的场地占用；溜管浇筑混凝土可充分利用混凝土在自重条件下的流动性，不需要提供额外的动力，混凝土下溜过程无油耗、无电耗、施工噪声低，施工过程更环保
3	技术效果	采用溜管快捷施工技术，分区段进行隧道结构底板混凝土浇筑，2套溜管与2台汽车泵配合连续不断作业，浇筑时间可由传统的40h缩短至12h，混凝土成形质量能得到保障
4	附图	 大铁底板溜管混凝土浇筑

7.4.1.5 地下室外墙防水保护层泡沫夹芯板施工技术

地下室外墙防水保护层泡沫夹芯板施工技术见表7.4.1-5。

地下室外墙防水保护层泡沫夹芯板施工技术　　　　　　　表7.4.1-5

序号	项目	内容
1	技术背景	原设计管廊侧墙防水保护为120mm厚页岩实心砖保护墙，管廊侧壁基坑狭窄，APM基坑局部侧壁宽度仅为0.8m，防水保护砌筑施工难度大、效率低，再加上简阳60年不调的大暴雨，采用原砖墙防水保护技术现场进度管理受阻
2	技术特点	创新采用泡沫夹芯板代替页岩实心砖进行防水保护，镀锌铁皮泡沫夹芯板现场安装简单便捷，每天可铺贴300m²/2人左右（而120mm实心砖每天可砌筑20m²/2人），与传统做法相比施工效率提高15倍，由于材料为铁皮＋泡沫，刚柔并济，防水保护效果好，质量能得到保障
3	技术效果	按照传统工序进行施工，只能采用人工砌筑页岩实心砖，管廊每小段需工期16d，而采用该技术施工工期仅2d，每段能省工期约14d
4	附图	 泡沫夹芯板防水保护现场成形照片

7.4.1.6 预拌流态固化土回填施工技术

预拌流态固化土回填施工技术见表 7.4.1-6。

预拌流态固化土回填施工技术   表 7.4.1-6

序号	项目	内容
1	技术背景	管廊、APM 基坑侧壁回填正值雨季，超深、超窄基坑下素土回填只能采取人工夯实，航站楼回填压实系数要求高（≥0.94），回填效率低，雨季回填质量难以保证
2	技术特点	预拌流态固化土回填技术原理为充分利用肥槽、基坑开挖后或者废弃的地基土、渣土等材料，在掺入一定比例的固化剂（以 CaO、活性 Al_2O_3 和 SiO_2 为主要成分的无机水硬性胶凝材料）、水之后，拌和均匀，形成具有可泵送的、流动性好的回填材料。预拌流态固化土回填可泵送也可自卸，分层回填，分层厚度可达 2m
3	技术效果	与传统的素土分层回填相比，预拌流态固化土回填具有效率高、质量好、成本低、绿色环保的特点，采用预拌流态固化土进行回填，共节省主线工期 80d
4	附图	 预拌流态固化土回填成形效果

7.4.2 结构阶段技术

7.4.2.1 航站楼下穿高铁工程施工技术

航站楼下穿高铁工程施工技术见表 7.4.2-1。

7.4.2.2 地上超长框架薄板结构跳仓法施工技术

地上超长框架薄板结构跳仓法施工技术见表 7.4.2-2。

航站楼下穿高铁工程施工技术 表7.4.2-1

序号	项目	内容
1	技术背景	成都天府国际机场工程存在时速为350km/h的高铁不减速通过航站楼的情况，高铁结构上方为指廊独立基础和高架桥桥墩，覆土厚度9.2m，结构承受荷载大，局部集中荷载高达17208kN，整体设计要求高。底板厚度1.8m，侧墙厚度2m，顶板厚度3m；顶板、侧墙和底板在支座 L/3 范围均设置了HRB400 Φ 18@150mm的抗剪封闭箍筋，长度1200mm，中间连环嵌套，沿线路方向通长布置；拉结筋HRB500 Φ 12@150mm中间嵌套布置，钢筋间距小，操作空间受限，封闭箍筋安装难度大。侧墙高度7.9m，对墙体平整度和垂直度要求高；高铁设计年限为100年，防水要求高，模板加固不允许采用传统的对拉止水螺杆，单孔跨度21m，常规的对顶支撑难以实施；且墙体底部设有加腋构造，模板施工难度大。顶板为渐变双弧形结构，结构宽度由72.661m收缩至19.3m，断面弧度从24.55°渐变至153.79°，支模高度达9.6m，模板支撑及加固难度大，支撑架体密集、空间狭小，人工监测难度大；且顶板设计为C45P10高性能混凝土，单次混凝土浇筑方量高达7500m³，水化热大，对温度控制要求高，混凝土面层为渐变弧形，成形质量难以控制
2	技术特点	1. 底部加腋高大侧墙模板施工 工程采用底部加腋高大侧墙模板系统，即将三角形钢桁架、模板面板及墙体底部预埋的螺杆三部分拼装成整体，并通过提前在三角形钢桁架底部焊接滑轮调节装置和安装滑轮，形成可适用于底部加腋高大侧墙的水平滑移模板体系。待混凝土浇筑完成后进行模板体系拆除，将模板体系整体拆分成标准单元档（一个单元宽3.6m）后，利用三角形钢支撑架底部的滑轮，将标准模单元依次滑移至下一段结构底板上准备下一段墙体施工，省掉了传统模架体系反复搭拆的工序。 2. 渐变双弧形顶板模板施工 工程采用10号工字钢结合顶板的弧度进行弯曲设计，作为模架体系的主龙骨，间距912mm，次龙骨采用8号槽钢，间距200mm，模板采用18mm厚木模板，支撑架采用重型盘扣架，按612mm×912mm×1500mm布设，立杆顶部顶托和主龙骨间加塞楔形白木方料，使受力面保持水平；并采用智慧化监控措施，对高支模体系模板沉降、立杆轴力、立杆倾角、支架整体水平位移等进行整体性监测，确保弧形顶板的施工安全。 3. 底板及顶板复杂钢筋施工 传统基础底板钢筋绑扎流程为：底层钢筋安装→钢筋支架架设→中间层钢筋安装→面层钢筋安装→抗剪封闭箍筋安装→拉结筋安装。面层钢筋安装完成后，由于空间狭小，操作受限，封闭箍筋将无法安装。 工程施工前，利用BIM技术模拟钢筋施工，调整传统施工顺序，调整后钢筋安装流程为：钢筋支架架设→面层钢筋安装→抗剪封闭箍筋安装→底层钢筋安装→中间层钢筋安装→拉结筋安装。通过提前安装封闭箍筋，后安装底层钢筋的方式解决了底板复杂钢筋安装难题。 顶板封闭箍筋设计和底板一样，借鉴底板施工经验，利用BIM技术提前模拟钢筋施工，但由于顶板为双弧形结构，操作空间进一步受限，封闭箍筋安装后，底层弧形钢筋安装难度很大，安装效率极低，故进行深化设计和验算，经设计同意，并通过专家论证，将封闭箍筋改为了密集单肢箍筋。 4. 3m厚弧形顶板混凝土施工 工程通过试验确定混凝土最佳配合比，采取斜面分层递推浇筑工艺，并引入智能测温系统和智能喷雾养护系统，降低水化热，减小温差；在浇筑最后一层混凝土时，调整坍落度至150~160mm，适当降低弧形面层混凝土流动性，通过"标高弹线、分层刷坡、表面刮平、滚筒碾压、木蟹压实"工艺，确保混凝土观感线性美观
3	技术效果	工程通过航站楼下穿高铁工程施工技术的实施应用，确保了工程整体高效、质量优质的施工形象，共计节约工期50d

续表

序号	项目	内容
4	附图	

三角形钢支撑架标准单元间连接　　架体、龙骨节点及无人监控影像

基础底板封闭箍筋 BIM 模拟　　顶板单肢箍筋绑扎效果

拱形顶面混凝土收面效果图　　智能喷淋养护图

地上超长框架薄板结构跳仓法施工技术　　　　表 7.4.2-2

序号	项目	内容
1	技术背景	工程 A、C 区指廊平面尺寸为 402m×69～112m，B 区指廊平面尺寸为 212m×109～80m，D 区大厅平面尺寸为 522m×107m（最窄处）～324m，结构超长，单层结构面积大，原设计后浇带数量多达 59 条，后浇带宽度 1.5～6m，总长度达 2950m，若留设后浇带施工，对后期进度及质量影响大
2	技术特点	通过足尺和缩尺试验论证了跳仓法的可行性，并确定跳仓法施工的混凝土配合比，使其满足地上超长框架薄板结构施工要求。同时，在施工过程中采取合理分仓、流水组织、预应力深化、施工缝处理、混凝土养护等措施，确保了超长框架薄板结构的施工质量
3	技术效果	通过跳仓法施工取消原设计后浇带，保证了施工工序的连续性，使得后续工序可以提前穿插施工，整体工期提前 49d，确保了工程的整体施工进度

续表

序号	项目	内容
4	附图	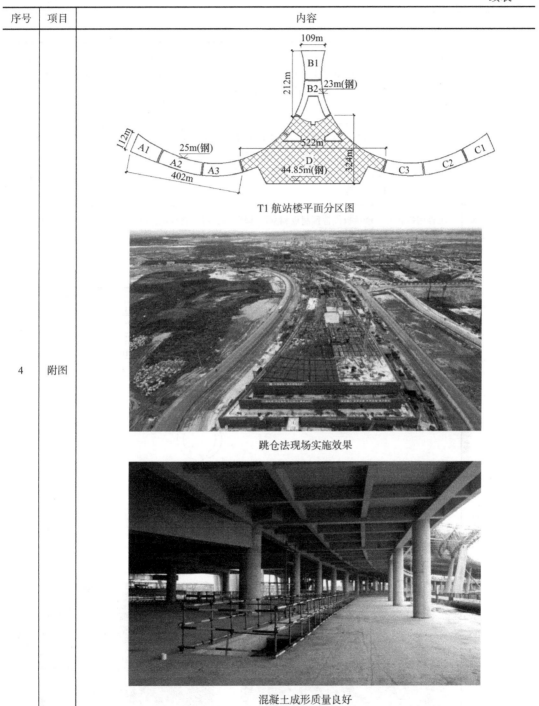

T1 航站楼平面分区图

跳仓法现场实施效果

混凝土成形质量良好

7.4.2.3　钢筋桁架楼承板施工技术

钢筋桁架楼承板施工技术见表 7.4.2-3。

钢筋桁架楼承板施工技术

表 7.4.2-3

序号	项目	内容
1	技术背景	工程原设计在地梁上砌筑地垄墙然后安装预制板，再在预制板上浇筑 40mm 厚刚性层，以此作为航站楼首层的结构板，此做法具有施工工序穿插多、施工组织复杂、场内运输及吊装时间长、地面装饰层易开裂等缺点，因此将原设计更改为素混凝土地垄墙＋钢筋桁架楼承板现浇体系，以提高工程质量、缩短工期
2	技术特点	施工时，先在地梁上支设木模板，浇筑 C25 混凝土地垄墙，墙体厚度及顶面标高按原设计控制。桁架板安装好后，进行钢筋工程施工，钢筋桁架板横跨地垄墙时需增设附加筋，未横跨时不需增设附加筋，洞口处按设计要求进行洞口加筋，在进行机电检修井区域楼承板施工时，提前将套筒装置与楼承板底模焊接在一起
3	技术效果	工程用钢筋桁架楼承板代替预制板和刚性地坪，减少预制板运输及吊装、拼缝处理、刚性层施工和面层装饰等工序，在提高工程质量的同时节约工期 74d
4	附图	 钢筋桁架板配筋大样（非机电检修井区域） 机电检修井区域套筒装置连接示意 地垄墙成形效果　　　钢筋桁架板铺设效果

7.4.3　机电施工技术

7.4.3.1　可弯曲金属导管安装技术

可弯曲金属导管安装技术见表 7.4.3-1。

可弯曲金属导管安装技术　　　　表 7.4.3-1

序号	项目	内容
1	技术背景	可弯曲金属导管是我国建筑材料行业新一代电线电缆保护材料，是一种较理想的电线电缆外保护材料，同时，使用时徒手施以适当的力即可将其弯曲到需要的程度，使用连接附件及简单工具即可将导管等连接可靠，工效提高的优势明显，特别适用于结构造型复杂、工期紧张的工业与民用建筑物中建筑电气明敷和暗敷场所
2	技术特点	可弯曲金属导管基本型采用双扣螺旋形结构，内层静电喷涂技术，防水型和阻燃型是在基本型的基础上包覆防水、阻燃护套；可弯曲度好、耐腐蚀性强、裁剪和敷设方便，可任意连接，同时管口及管材内壁平整、光滑，效果好
3	技术效果	抗压性能：在 1250N 压力下，管道扁平率小于 25%； 拉伸性能：1000N 拉伸荷载下，重叠处不开口（或保护层无破损）； 耐腐蚀性能：防腐蚀性能经检测可达分类代码 4 内外均高的标准要求。 施工高效：与镀锌钢管电气配管相比，施工更方便、快捷、高效，工效提高 3 倍
4	附图	 可弯曲金属导管安装

7.4.3.2　工业化成品支吊架安装技术

工业化成品支吊架安装技术见表 7.4.3-2。

工业化成品支吊架安装技术　　　　表 7.4.3-2

序号	项目	内容
1	技术背景	工业化成品支吊架由管道连接的管夹构件与建筑结构连接的生根构件组成，将这两种结构件连接起来的承载构件、减振构件、绝热构件以及辅助安装件，构成装配式支吊架系统
2	技术特点	成品支吊架可满足不同规格的风管、桥架、系统工艺管道的应用要求，尤其在错综复杂的管路定位和狭小管笼、平顶中施工时，更可发挥其灵活组合技术的优越性

序号	项目	内容
3	技术效果	根据 BIM 模型确认的机电管线排布,通过数据库快速导出支吊架形式,经过强度计算结果进行支吊架型材选型,设计制作装配式组合支吊架,现场仅需简单机械化拼装,减少现场测量、制作工序,降低材料损耗、安全隐患,可实现施工现场绿色、节能
4	附图	 工业化成品支吊架应用

7.4.3.3 一体化"生物—MBR 膜"污水处理系统

一体化"生物—MBR 膜"污水处理系统见表 7.4.3-3。

一体化"生物—MBR 膜"污水处理系统   表 7.4.3-3

序号	项目	内容
1	技术背景	针对成都天府国际机场航站楼大型临建设施地处飞行区、无配套市政管网的现状,结合目前水资源短缺、大力推广中水处理二次使用的形势,配套设置一体化"生物—MBR 膜"污水处理系统
2	技术特点	一体化"生物—MBR 膜"污水处理工艺具有生化率高、抗负荷冲击能力强、出水水质稳定、易于实现自动控制等优点
3	技术效果	一体化"生物—MBR 膜"污水处理系统投入运行后,运行平稳,日均处理能力达 300m³/d;处理后水质稳定,广泛用于厕所冲洗、绿化浇水、车辆、道路冲洗等方面,取得显著的经济效益(累计节约水量 18 万 m³,降低成本达 145 万元),同时也取得了良好的社会与环境效益
4	附图	 一体化"生物—MBR 膜"污水处理系统设备

7.4.3.4 综合管廊预埋滑槽悬挂预安装施工技术

综合管廊预埋滑槽悬挂预安装施工技术见表7.4.3-4。

综合管廊预埋滑槽悬挂预安装施工技术 表7.4.3-4

序号	项目	内容
1	技术背景	预埋滑槽传统施工方法是通过螺栓与螺母将滑槽固定在模板上或将滑槽直接固定在主体结构钢筋上。第一种传统施工方法需在模板上钻眼、打孔，影响模板周转使用，同时专业间配合及施工协调难度大，可操作性不强；第二种传统施工方法是依据钢筋定位控制线和保护层将滑槽直接固定在主体结构上，受钢筋定位精确性、钢筋保护层偏差、混凝土浇筑胀模等原因的影响，较易出现预埋滑槽嵌入混凝土表面、滑槽倾斜、扭转等现象
2	技术特点	以"滑槽与模板紧密贴合"为原则，待综合管廊主体结构墙体钢筋工程施工完成后，通过施测的滑槽定位点，先将预埋滑槽"悬挂预安装"依附主体结构钢筋，整体处于活动可调状态，待综合管廊墙体安装单侧模板后，根据定位点，通过焊接、燕尾螺钉固定、钢筋内撑等施工技术措施，将预埋滑槽表面与模板紧密贴合。待混凝土拆模后，滑槽表面整体与混凝土墙面保持平齐
3	技术效果	结合现浇式综合管廊主体结构阶段交叉施工难点和各专业施工配合需求，预埋滑槽悬挂预安装，不仅能够减少施工难度、加快施工进度，同时节约施工成本、降低施工危险性，提升工程施工质量，提升滑槽外观及线形施工质量，确保滑槽预埋施工达到"一次成形、一次成优"的优良效果
4	附图	预埋滑槽与横向主筋连接示意图

7.4.3.5 模块化施工技术

模块化施工技术见表7.4.3-5。

模块化施工技术 表7.4.3-5

序号	项目	内容
1	技术背景	针对具备模块施工的条件，如板式换热器及其组件、混水一体化供热机组及其组件、三级泵组及其组件、水处理器及其组件、管道阀门及其组件集中段等产品，采用模块化施工，将以上项目在工厂制作成为成套设备，现场只需简单地吊装运输就位即可
2	技术特点	将设备及管线现场制作安装工作前移，实现工厂加工和现场施工平行作业，减少现场时间和空间的占用

序号	项目	内容
3	技术效果	模块化施工，不仅能提高生产效率和质量水平，降低建筑机电工程建造成本，还能减少现场工程量、缩短工期、减少污染，实现机电安装模块化过程，实现绿色施工
4	附图	 三级水泵及其组件

7.4.3.6 基于 BIM 的行李处理机房施工配合新模式

基于 BIM 的行李处理机房施工配合新模式见表 7.4.3-6。

基于 BIM 的行李处理机房施工配合新模式 　　　　表 7.4.3-6

序号	项目	内容
1	技术背景	机场航站楼行李处理系统是整个航站楼机电专业里最庞大的单系统工程，而机场航站楼行李处理机房区域各专业管线密集，与行李系统交叉碰撞多，配合难度大
2	技术特点	为避免现场因机电管线与行李系统冲突造成大面积拆改，运用 BIM 技术策划并实施行李处理机房的施工，同时在行李处理机房区域深化完成后，召集各专业施工人员进行技术交底，确定行李处理机房各专业施工顺序，各专业按顺序有序组织施工
3	技术效果	运用 BIM 技术目策划并实施了行李处理机房的施工。避免现场因机电管线与行李系统冲突造成大面积拆改，在行李区各专业施工实现了"零拆改"
4	附图	 行李处理机房 BIM 模型与现场管线综合效果对比

7.4.4 装饰装修施工技术

7.4.4.1 超大空间吊顶技术

超大空间吊顶技术见表7.4.4-1。

超大空间吊顶技术 表7.4.4-1

序号	项目	内容
1	技术背景	成都天府国际机场T1航站楼出发大厅层高较高，跨度较大，钢结构网架下旋球距楼板高度最高达到了29m，下部同时有石材地面铺装作业，大面积的满堂脚手架必然会影响其他工种施工面的展开和进度，且要搭设超过10万m²，高度超过20m的脚手架，需要大量钢管也不经济，综合考虑立体交叉下施工和经济原因不允许搭设满堂脚手架
2	技术特点	为了解决上述搭设脚手架存在的问题，工程采用了菱形单元龙骨模块式吊装、铝条板逆向施工工艺，在钢结构网架上满搭平行脚手架，脚手板铺在钢管脚手架上，方便吊顶作业人员的行走，施工人员处于网架内，由上向下进行吊顶逆向施工
3	技术效果	逆向施工做法保障了吊顶安装人员的安全，在方便施工的同时保证了双曲面铝条板顶棚的吊顶质量
4	附图	 成都天府国际机场大吊顶示意图　　　高空安装副龙骨、定位凹槽、铝板挂件

7.4.4.2 双曲面高大空间吊顶施工技术

双曲面高大空间吊顶施工技术见表7.4.4-2。

双曲面高大空间吊顶施工技术 表7.4.4-2

序号	项目	内容
1	技术背景	T1航站楼大吊顶为双曲复杂形态吊顶，主楼面宽方向为连续波浪形，进深方向为变化曲线，形态较复杂，难点如下： 1）根据屋面钢结构模型建立初步模型，采用无棱镜测量技术，对主体钢结构进行全面的复合测量，根据测量成果、实际偏差修正初步模型，建立最终的面板模型是难点； 2）确定条板的半径及加工方式，依据半径曲线的变化分析，设计合适的龙骨系统，提供样条曲面支撑点，实现垂直纵向方向的样条逼近以及弧形铝板下单生产是施工的重难点； 3）最终铝板完成面与双曲面铝板模型相吻合是难点，现场施工精度的控制是将理论模型转化成最终铝板完成面的保证

续表

序号	项目	内容
2	技术特点	采用无棱镜全站仪测量结构表面点数据，再通过一系列程序由点数据构成曲面模型，得到参数化CAD模型后继而进行后续的材料下单及施工安装指导
3	技术效果	取代了传统的手工测量实物尺寸，改以精确的三维测量资料提供模型重建的基准，进而构建曲面模型，建立面板曲面模型，为施工安装和面板、龙骨下单建立基础
4	附图	 双曲面吊顶系统施工基本流程

7.5 高效建造管理

7.5.1 组织管理

总承包管理组织机构设置企业保障层、总承包管理层、施工作业层三个层次，按照对人员、资历、业绩的要求设置关键管理岗位，并配备相关项目管理人员，使总承包管理与总承包实施项目由主管部门负责管理、项目公共部门负责配合，共同做好生产管理和服务。

建立直线职能＋强矩阵型组织架构模式，建立总承包管理部；编制《成都天府国际机场总承包管理制度》《成都天府国际机场项目管理手册》《成都天府国际机场施工管理总承包方案》，以协调组织总承包管理阶段各参加单位的现场施工生产有序开展。

成立项目专家顾问团，为项目土建、钢结构、金属屋面、幕墙、机电安装等各专业提供施工全过程的技术咨询服务，为各专业施工提供有力的配合，确保建造技术的先进性和可靠性，确保项目各项管理目标的实现。

7.5.2 计划管理

1. 计划管理体系

建立项目计划管理部，设置计划部经理一名，计划专员一名，对项目整个施工建造阶段的设计、招标、采购、施工、验收的计划进行管理、考核，对出现偏差的计划及时进行预警及纠偏维护。

2. 计划管理

工程开工一个月内由总承包项目经理根据合同工期组织编制施工总进度计划，根据施工总进度计划制定内控总进度计划，作为整个工程计划总纲，并提取内控计划各关键节点工期。项目部所有部门根据计划总纲倒排各系统计划，如设计图纸需求计划、施工方案编制计划、工程实体进度计划、专业队伍招标计划、设备物资采购计划、材料选样封样计划、质量样板验收计划、分部分项验收计划等，以便现场施工按期开展，同时明确计划的相应责任部门及责任人。计划编制完成后上报计划管理部审核，由项目经理审批后实施，计划管理部负责监督、考核。进度计划编制分工见表7.5.2-1。

进度计划编制分工表　　　　　　　　表 7.5.2-1

序号	计划名称	编制责任部门	职位
1	总进度计划	总承包管理部	项目经理
2	图纸需求计划	项目技术部	项目总工
3	施工方案编制计划	项目技术部	项目总工
4	分部分项工程验收计划	项目技术部	项目总工
5	工程实施月、周进度计划	项目工程部	生产经理
6	专业队伍招标计划	项目商务部	商务经理
7	设备物资采购计划	项目物资部	物资经理
8	材料选样封样计划	项目物资部	物资经理
9	质量样板验收计划	项目质量部	质量总监
10	安全物资及 CI 投入计划	项目安全部	安全总监

3. 计划实施、考核

项目各部门根据内控总进度计划分解形成各部门年、季、月、周四级计划，计划部按照各部门的周计划进行监督、考核，按工程不同施工阶段制定相应计划考核原则及考核奖罚制度；如桩基施工阶段，根据各区桩基完成时间及桩基总量倒排施工计划，并将桩基图纸上墙，完成的桩基及时涂色，结合该区域桩基完成时间，可直观知道桩基施工进度是否滞后，并及时采取纠偏措施，如图 7.5.2-1 所示。

地下管廊及主体结构施工阶段根据进度计划按跳仓法分块标注出每一仓的混凝土浇筑时间，以此监督考核进度计划的完成情况，钢结构网架施工阶段则按网架分区监督每一块网架的提升、卸载时间是否符合总进度计划要求，如此根据不同施工阶段及施工内容，针对性地制定考核机制。

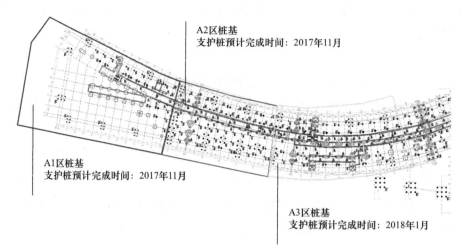

A2区桩基
支护桩预计完成时间：2017年11月

A1区桩基
支护桩预计完成时间：2017年11月

A3区桩基
支护桩预计完成时间：2018年1月

图 7.5.2-1　进度可视化管理标识图

4. 劳动竞赛

组织全场所有劳务队伍进行劳动竞赛，根据各区段施工总计划制定施工月计划，在保证安全和质量的情况下，对各区段每月计划完成情况进行考核，并从安全、质量、进度、物资使用等方面进行打分排名，对排名前三名的队伍进行奖励，对排名后三名的队伍进行处罚，奖优罚劣，通过正向激励机制，提高工人的积极性，确保施工进度。

7.5.3　采购管理

7.5.3.1　采购组织机构及岗位职责

采购组织机构基于"集中采购、分级管理、公开公正、择优选择、强化管控、各负其责、实事求是"的原则，实施"三级管理制度"（公司层、分公司层、项目层），涵盖全采购周期的组织机构，从根本上保障采购管理工作有序开展。公司层级主要是领导和决策，分公司层级主要是协助和指导招采，项目层级主要是完成和执行招标采购全周期工作，见图 7.5.3-1。

采购管理主要成员岗位职责见表 7.5.3-1。

主要成员岗位职责表

表 7.5.3-1

序号	层级	岗位	主要职责
1	公司	总经济师	指导采购概算； 对接业主高层
2	公司	物资部经理	提出采购策划思路； 协调企业内、外采购资源整合； 审批采购策划

续表

序号	层级	岗位	主要职责
3	分公司	总经济师	组织完善采购概算和目标； 评审采购策划； 审批供应商考察入库； 审批中标供应商、采购合同
4	分公司	物资设备部经理	组织考察供应商、采购资源整合； 牵头组织材料设备的招采工作
5	项目部	项目经理	负责落实采购人员配备； 协调落实采购策划； 对接业主认价分管领导； 协调设计、采购、施工体系联动
6	项目部	采购经理	严格执行招标投标制，确保物资采购成本，严把材料设备质量关； 负责集采以外物资的招标采购工作； 定期组织检查现场材料的使用、堆放，杜绝浪费和丢失现象； 督促各专业技术人员及时提供材料计划，并及时反馈材料市场的供应情况、督促材料到货时间，向设计负责人推荐新材料，报设计、业主批准材料代用； 负责材料设备的节超分析、采购成本的盘点
7	项目部	设备、材料采购人员	按照设备、材料采购计划，合理安排采购进度； 参与大宗物资采购的招议标工作，收集分供方资料和信息，做好分供方资料报批的准备工作； 负责材料设备的催货和提运； 负责施工现场材料堆放和物资储运、协调管理
8	项目部	计划统计人员	根据技术人员的材料计划，编制物资需用计划、采购计划，并满足工程进度需要； 负责物资签订技术文件的分类保管，立卷存查
9	项目部	物资保管人员	按规定建立物资台账，负责进货物资的验证和保管工作； 负责进货物资的标识； 负责进场物资各种资料的收集保管； 负责进退场物资的装卸运
10	项目部	物资检测人员	负责按规定对项目材料设备的质量进行检验，不受其他因素干扰，独立对产品做好放行或质量否决，并对其决定负直接责任； 负责产品质量证明资料评审，填写进货物资评审报告，出具检验委托单，签章认可，方可投入使用； 负责防护用品的定期检验、鉴定，对不合格品及时报废、更新，确保使用安全

7.5.3.2　招标采购总流程

招标采购流程见图 7.5.3-2。

7.5.3.3　采购策划重点

（1）建立招采全周期的管理体系，健全组织架构，使分工合理高效，让管理促进工作有序进行。以工程总进度计划为基础，编制了精准的招采计划，过程中围绕工程进度动态调

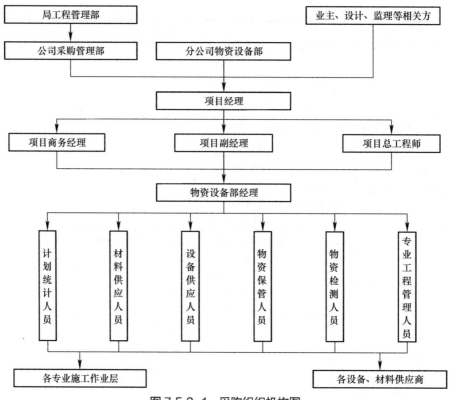

图 7.5.3-1 采购组织机构图

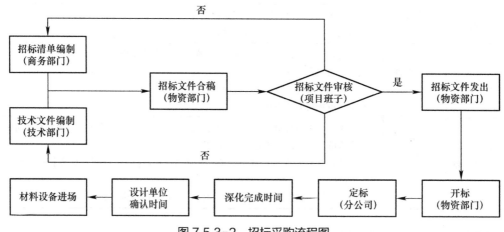

图 7.5.3-2 招标采购流程图

整，层层审批、阶段考核，保障计划的有效执行。设置以设计控概算、商务控成本、工程控进度、技术控质量的标前准备工作，保证招标的科学专业开展。

（2）重点把控钢结构、金属屋面、幕墙、精装、综合安装、消防、弱电信息系统、行李分拣系统、电梯、登机桥等专业分包的招标，对调频质量阻尼器（TMD）、桥头堡桁架等设计要求高、加工周期长、运输风险把控难度大的特殊材料实行监控预警、驻场监造。

定期组织召开招采推进会议，对招采执行风险因素进行监控、评价和预警，确保各招采节点高效、精准有序推进。

（3）建立科学的分包、分供入库机制，成立业主、设计、总承包等的联合主体对重要专业分包、重要材料设备厂家进行考察，考察分包分供企业管理水平、人员综合素质、履约风险能力、财务风控、技术能力、设计能力、资源组织能力等，确保分包分供高质量、高标准履约。

（4）招采策划重点工作以围绕招采联动工期，确定分包分供进场计划时间、招采周期、分包资源组织周期、材料设备加工周期，反推倒排招采计划；主抓各专业影响工期或工序的关键招采线路，着力把控重要招采节点。对标同类专业机场工程，定位专业分包、材料设备档次，锁定分包名录、材料设备品牌范围；招采联动设计，在招采前实现材料选型科学、设备重要参数可控，以达到采购、施工高效、品质有保障的目的。

（5）量身定制多元化采购方式，加强分包分供战略集采，推进索膜、大型机电设备厂家直采；加强新材料、新工艺、新设备应用；提高钢筋等大宗材料批量采购占比，设置合理主材库存率保生产控成本；线下与电商平台结合采购，提高采购效率，降低采购成本。

（6）招采与工程协同开展，围绕计划的时效性，对材料设备、机械、人力资源进行合理搭配。招采人员与技术人员协同，通过技术人员对专业分包资源组织汇报、重要专项方案过审、专业材料设备的技术讲解与评定，确保总体招采质量；技术人员对生产、生活设施进行合理平面布置，可提高生产效率、保障生活品质。招采人员与商务人员协同对总量进行把控，对过程用量进行动态管理、预警监控。招采人员与安全人员协同建立固体垃圾回收循环系统、排污循环系统，实现节能降排增效，统一现场安全标化设施，确保安全文明持续开展。

7.5.3.4 主要专业分包及材料设备招采周期及品牌定位

根据机场的施工关键线路、专业重要程度等综合评估，专业分包分为 A、B、C 三类，A 类为关键线路专业分包，B 类为特殊专业分包，C 类为常规专业分包，见表 7.5.3-2。

主要专业分包一览表

表 7.5.3-2

序号	工程	结构部位	分类	招标程序启动时间要求	施工准备时间（d）	分包单位
1	建筑	土方、支护	C	进场前 2 个月	15	四川恒枫、四川建昆
2		主体结构	A	进场前 2 个月	30	成都正太、重庆荣安、重庆开中、四川诚泰
3		预应力	B	进场前 2 个月	30	中建八局三公司、保定银燕
4	钢结构	钢网架	A	进场前 5 个月	60	中建钢构

续表

序号	工程	结构部位	分类	招标程序启动时间要求	施工准备时间（d）	分包单位
5	钢结构	房中房、桁架	B	进场前5个月	60	中建八局钢构
6		幕墙	A	进场前5个月	60	深圳三鑫
7		金属屋面	A	进场前5个月	60	森特股份
8	安装	电梯	B	进场前5个月	90	三菱、通力、日立
9		消防	B	进场前5个月	60	北京利华消防工程有限公司
10		综合安装	A	进场前3个月	20	四川省工业设备安装集团公司
11	机场工艺	行李分拣系统	B	进场前5个月	30	民航成都物流技术有限公司
12		弱电信息系统	A	进场前5个月	30	北京中航弱电系统工程有限公司
13		登机桥	B	进场前6个月	60	暂未进场

根据机场材料设备的使用功能、重要程度等综合评估，采购材料设备分A、B、C类，A类为机场特殊材料设备，B类为采购周期长等材料设备，C类为常规材料设备，见表7.5.3-3。

主要材料设备一览表　　　　　　　　　表7.5.3-3

序号	施工阶段	材料设备类别	材料名称	分类	招标程序启动时间要求	加工（或采购）周期（d）	供应单位
1	土建阶段	钢筋	直径36、40	B	进场前3个月	60	河北宣钢
2		混凝土外加剂	镁质膨胀剂	C	进场前3个月	5	三源、源众
3		钢结构	调频质量阻尼器（TMD）	A	进场前6个月	90	隔而固
4			型材	C	进场前3个月	30	成都凯澳
5			板材	C	进场前3个月	30	重庆钢铁
6			关键轴承	B	进场前3个月	60	福建龙溪
7			钢拉杆	B	进场前3个月	60	广东坚朗
8			支座	B	进场前3个月	60	上海路博
9			焊接球	C	进场前3个月	30	丰源、鼎力
10		砌体	干混砂浆	C	进场前2个月	15	四川蓝筹
11			加气块（A5.0 B06）	C	进场前2个月	15	四川坤正、内江德天利
12	安装阶段	电梯	直梯	B	进场前7个月	180	通力
13			扶梯	B	进场前7个月	180	三菱
14			自动步道	B	进场前7个月	180	日立
15		电气	配电箱柜	B	进场前5个月	60	川开电气
16			变压器	A	进场前6个月	30	顺特电气
17			柴发	A	进场前4个月	30	威尔信
18			母线	B	进场前2个月	20	施耐德

续表

序号	施工阶段	材料设备类别	材料名称	分类	招标程序启动时间要求	加工（或采购）周期（d）	供应单位
19	安装阶段	通风与空调	空调机组	B	进场前5个月	60	特灵
20			水泵	B	进场前2个月	30	格兰富
21			风机盘管	B	进场前2个月	30	特灵
22			厨房排烟	B	进场前3个月	30	科禄格
23			风阀、风口	C	进场前1个月	20	靖江灸烊
24		建筑给水排水	水泵	B	进场前2个月	30	威乐
25			阀门	B	进场前2个月	30	中核苏阀
26			隔油设备	B	进场前2个月	30	TECE
27			管材	C	进场前1个月	60	顾地、康泰
28		消防工程	消火栓	C	进场前1个月	20	天广
29			喷淋	C	进场前1个月	10	萃联消防
30			阀门	B	进场前1个月	45	青岛伟隆
31	机场工艺	综合弱电信息	综合布线	B	进场前5个月	150	康普
32			计算机网络	B	进场前3个月	150	华为
33			视频监控	B	进场前2个月	180	GENETEC
34			门禁通道闸	B	进场前5个月	45	霍尼韦尔
35			楼控系统	B	进场前2个月	60	江森
36			入侵报警	B	进场前3个月	90	GENETEC
37			信息发布	B	进场前2个月	180	博能
38			客流统计分析	B	进场前2个月	120	华为
39			能源管理	C	进场前2个月	30	普瑞斯玛（施耐德器件）
40		行李系统	ICS	B	进场前4个月	90	范德兰德
41			输送机	B	进场前2个月	90	昆船
42			转盘	B	进场前2个月	90	民航物流
43			转弯机	B	进场前2个月	90	达仕通
44		登机桥	登机桥	A	进场前2个月	90	暂未进场
45	垂直运输	钢结构吊装	汽车起重机	C	进场前2个月	30	徐工集团
		材料吊装	塔式起重机	C	进场前2个月	30	庞源、华力

7.5.4 技术质量管理

7.5.4.1 技术管理

（1）设计优化与施工组织设计（方案）优化管理；

（2）图纸管理及与设计协调；

（3）设计变更、技术核定单管理；

（4）工程测量控制管理；

（5）技术复核管理；

（6）交界面协调处理；

（7）工程计量管理；

（8）规范标准管理；

（9）工程技术资料管理；

（10）对材料、成品、半成品进行检验；

（11）施组方案编制与交底，在方案实施过程中监督管理。

7.5.4.2 质量管理

（1）建立工程质量总承包负责制，即总承包项目部对工程分部分项工程质量向发包方负责。指定分包单位对其分包工程施工质量向总承包单位负责，总承包对分包工程质量承担连带责任。

（2）严格按企业质量管理手册的要求，实行样板引路制度、工序报验三检制、实测实量等行之有效的管理制度，定期开展"质量工匠之星"活动，加强现场各工序的检查与验收，确保"鲁班奖"。

（3）质量管理制度：为加强质量管控，保证交底书中的质量细节内容能得到彻底贯彻落实，项目采用会议交底、现场交底、挂牌交底、BIM可视化交底、二维码交底墙等多重措施，确保各工序一次成优。工程开工前，制定样板实施计划表，每个样板对应一份样板验收记录，未实施样板或样板未经过项目部、监理、业主验收，严禁大面积施工。积极推进信息化质量管理工作的开展。利用云筑智联的平台、二维码技术、虚拟样板交底等技术，加强现场质量管理工作。为保证施工质量，除日常巡检之外，项目部每周组织质量大检查、品质工程专项检查及召开质量周例会；公司每月组织项目质量检查，项目部每月组织质量评比活动，严格对各区劳务进行考核。与分包签订质量专项协议，明确其施工质量管理责任。

（4）质量工匠之星：为进一步助力企业高质量发展，弘扬"工匠精神，质量强国"的管理理念，强化现场管理能力提升，促进各级质量管理创优目标实现，每月开展"质量工匠之星"表彰活动，通过正向激励方式强化各级人员质量意识，变"被动质量"为"主动质量"，从而实现质量通病的事前控制。

（5）成品保护制度：根据施工组织设计和工程进展的不同阶段、不同部位编制成品保护方案；以合同、协议等形式明确各专业分包单位（含指定分包单位和独立施工单位）对成品的交接和保护责任，明确项目经理部对各分包单位保护成品工作协调监督的责任。

（6）工程竣工验收及创奖：竣工验收由总承包牵头，所有分包单位按照合同要求执行并接受监督。各分包单位的工程技术档案在交档前由各分包单位自行整理完善，由总承包牵头，在工程竣工验收后统一整理移交给发包方、城建档案馆和施工单位自存。按照工程奖项的约定：确保"鲁班奖"及"詹天佑奖"，为实现工程创优目标，由总承包牵头工程创优总体策划安排，各专业分包负责具体落实相关创优要求。在施工管理过程中严格按照"鲁班奖"的标准进行施工，为最终的创奖打下坚实的基础。

7.5.5 安全文明施工管理

7.5.5.1 安全施工管理

明确各级人员的安全责任，各级职能部门、人员在各自的工作范围内，对实现安全生产要求负责，做到安全生产工作责任横向到边、层层负责，纵向到底，一环不漏。

项目部每月组织安全管理人员月度教育大会以及危险源辨识会议，根据存在的危险源制定风险防控方案，分类汇总并建立台账，每月组织进行辨识宣贯，现场针对存在的危险源实施动态公示。

通过每周的安全检查，针对发现的安全隐患数量及类型进行数据分析，针对出现频率较高的安全隐患类型，制定有针对性的安全管控方案。

全面执行中建八局《"536"安全管理提升行动指南》，有效防范安全生产风险，保障现场零事故。

行为安全之星活动开展：通过创新安全管理活动，代替传统的以罚为主的管理方式，通过正向激励，鼓励工人积极开展安全行为活动，促进人员安全积极性，持续提高现场安全管理水平，营造特色安全文化，通过活动总结表彰，有效减少现场安全隐患，极大地提升工人现场生产积极性，提高现场安全生产效率。

每天开展圆圈式早班会，通过工人自我反思现场不安全行为，为全体班组起到警示作用，积极促进工人正向激励和自我反省，有效减少现场人员的不安全行为，在安全生产的前提下，提高生产效率。

所有人员进行 BIM+VR 虚拟安全体验及实体安全体验，通过 BIM 建模，将涉及的安全隐患制作成 VR 场景，使工人对安全隐患有了更直观的感受，让工人对现场危险源有了直观的认识，减少现场可能存在的安全隐患，提高现场建造效率。

应用互联网＋巡检系统，第一时间将隐患传达至分包队伍，在第一时间完成整改，优化了工作节拍，节约了时间，并可直接生成整改单；使用行为安全报警系统，对现场违章作业人员进行信息采集，并通过喇叭直接播报出该违章人员的姓名，消除现场违章作业人员的侥幸心理，提升现场的安全管理；应用危险区域报警系统，可与原有临边硬性防护相结合达到双重保障的效果，人员违规穿越危险区域，该系统自动报警，对人员进行警示，降低现场的违章作业率，有效提高现场建造效率。

编制应急预案及各专项应急预案，成立应急领导小组，明确各个部门及全体人员职责，并在施工过程中不断完善应急预案，定期开展各项专项应急演练，部门联动，并联合驻工友村医务室、驻工友村义务消防队、当地消防队、当地应急医院、机场兄弟单位、指挥部全员参与，以此提高全员应急意识及应急水平，模拟真实应急情况并不断完善应急演练中的不足，通过模拟实战，提高现场作业人员应急管理水平及意识，有效避免现场存在的不足，保障现场施工高效率进行。

7.5.5.2　文明施工管理

重点围绕封闭管理、场区布置、场区保洁、材料堆放及垃圾清运、临时照明、消防及用电安全等方面开展工作，努力营造文明、和谐的场容场貌，以确保现场整洁良好的施工环境，同时又体现企业管理水平。施工现场四周设置连续封闭围挡，施工现场和生活区内都实行封闭式管理，在所有入口处均设置门岗，负责出入现场人员及车辆登记，不佩戴胸卡及安全帽的人员一律不许进入施工现场。

以服务职工、服务工友、服务大局为宗旨，坚持以人为本，注重人文关怀。利用项目部办公房、员工宿舍、生活区办公房及工友宿舍等进行资源整合，建设党群工作室、物业办公室、便利超市、理发室、水果店、医务室等，实现软硬件设施统筹安排使用，满足党员、职工及工友学习教育、活动保障、生活保障、生活服务等需求，着力打造集党群及社会化服务于一体的综合服务社区，进一步延伸党建"触角"，扩大服务覆盖面，让党建看得见、摸得着、做得实、用得上，从而营造"党建带群建、群建促党建、合力助发展"的新局面。

7.5.6　信息化管理

7.5.6.1　BIM技术的应用

（1）实行全专业、全过程、全周期BIM技术应用，土建、机电、钢结构、行李系统、幕墙、金属屋面全部采用统一格式模型文件，在同一个协同平台工作，由指挥部统一进行管理，每周召开BIM周例会，及时发现并解决图纸问题2000余项。

（2）通过场地模型的搭建，为前期场地规划及施工部署提供可视化技术支持并进行安全防护模拟，提前发现多处塔式起重机基础悬空的安全隐患。

（3）重大节点及施工工艺提前通过BIM技术进行节点建模、动画演示，共完成重大工艺动画模拟 15 个、复杂节点 20 个，并针对管理人员进行三维技术交底，让管理人员更加直观高效地理解方案，提高效率。

（4）质量管理采用虚拟样板、二维码实测实量、中建八局 BIM 协同平台移动端应用等方式，让管理人员可以通过手机进行样板交底、实测实量数据更新，通过模型核对现场结构构件尺寸和洞口，大幅度提高质量管理的效率。

（5）通过管线优化、支吊架优化、BIM 出图指导现场施工等方式，对原设计管线进行美观合理的优化布置以及净高优化，净高最高优化达到 60cm。

（6）由于图纸变更频繁，利用 BIM 模型可及时更新并对管理人员进行模型交底，尽快熟悉消化设计图纸变更处、较难施工区域、容易出错区域。

（7）每个月组织工程全体成员进行 BIM 技术培训学习，让管理人员更快地掌握 BIM 技术，为 BIM 技术普及起到推动作用。

（8）每周四及重大节点进行无人机航拍，实时反映现场的进度情况，无人机在安全巡检、土方测量、地形测量土方算量、720 全景制作、辅助宣传片制作几个方面均起到关键作用。

7.5.6.2　智慧工地应用

智慧工地系统是中建系统内部通过大数据和互联网整合形成的一套施工信息化管理系统，天府机场工程是全国第一批次运用此系统的工程，不断优化，逐渐成熟完善。

（1）劳务管理：现场门禁采用人脸识别系统，大幅度减少工人进出场的时间，通过本系统直接提取每日出勤和现场实时人数等信息，对劳务进行更加高效准确的管理。

（2）视频监控：在主要部位安装摄像头，覆盖现场所有区域，可通过电脑及手机端查看，及时了解现场的安全质量等施工作业情况，提高管理效率。

（3）智能危险区域报警监控：系统由一对红外对射主机、处理器主机、警灯、警铃组成，与原有临边硬性防护相结合，达到双重保障的效果。

（4）试验室智能养护监控：通过手机实时查看试验室的温度及湿度，自动开启试验室温度湿度调节系统，保证试验室试块的正常维护。

（5）塔式起重机监控系统：现场 33 台塔式起重机均安装了塔式起重机运行监控系统，高效地实现塔机单机运行和群塔干涉作业防碰撞的实时安全监控与声光预警报警功能，实时监控塔式起重机安全作业情况、准确记录塔式起重机运行参数、精确控制群塔作业。

（6）基坑位移监测系统：针对现场地质条件较差的部位进行实时监控，竖向水平位移数据实时查看，监测值一旦超限自动报警，有效保障了基坑内的施工安全。

（7）高支模监测系统：针对高大模板架体进行监测，有效保证高支模体系的安全。

（8）进度管理：通过 BIM 模型与进度计划进行挂接，自动反映出现场进度前锋线，直观高效，与每周的航拍进行对比，可及时对进度进行管控和纠偏，同时管理人员在该板块能查阅主要物资的计划量与实际量偏差，为工程的顺利推进提供支持。

（9）质量安全管理：通过智慧工地 APP 收集现场问题并反馈，根据问题严重程度确定整改时间，若未按期整改，责任人将会受到处罚，最终形成问题整改的闭环，提高质量管理的响应速度和管理效率。通过安全行为抓拍系统，将施工现场行为不规范的行为抓拍记录，月末排名，通报奖惩，提高管理人员及工人的安全意识。

（10）物料管理：通过系统查阅所有物资的发货量和进场量以及偏差率，对物资管理起到更加精准的辅助作用。

（11）绿色施工管理：施工现场污染、噪声、用电用水的数据可实时体现，若 PM2.5 达到预警值，则自动启动现场扬尘喷淋系统。

天府机场工程实现了智慧工地系统全员应用，通过全景监控、安全、进度、质量等板块的运用，大幅度地提高了现场管理效率，通过此平台发现质量安全方面问题共计 3000 余项，并全部得到整改闭合，针对智慧工地的各层级观摩、交流，对智慧工地在全国的普及起到了推动作用。

7.6　工程管理实施效果

1. 业主满意度情况

运用机场高效建造技术，工程克服了简阳 60 年一遇雨季、地质条件复杂、全国劳动力短缺等"天、地、人"三大客观因素，提前两个月完成主体结构封顶，提前一个月完成钢网架结构封顶，总结形成《航站楼下穿高铁 3m 厚双曲弧形顶板施工管理成果》《地下空间快速建造管理成果》。

2. 安全文明与绿色施工管理情况

工程施工至今未发生任何安全生产事故，且未发生业主、社会相关方和员工的重大投诉，无媒体负面曝光；获得"成都市文明施工达标工地""四川省绿色施工示范工程""国际安全奖"等荣誉。

3. 质量管控情况

工程严格落实各项质量标准化管理措施，并在质量管控过程中广泛开展 QC 活动，不断提升与改进，截至目前未发生一起质量事故及质量投诉，通过成都市优质结构工程验收，承办市级、省级质量观摩活动。

4. 科技与技术管理情况

工程科技管理成果实行全员总结、全员参与。截至目前，受理并授权专利 7 项，软件著作权 2 项，获得四川省工法 8 项，发表论文 45 篇，项目管理成果 3 项，并获得全国创新杯 BIM 大赛一等奖、全球卓越 BIM 大赛一等奖的荣誉。

5. 社会效益

工程开工至今受到各方关注，新华社、中央电视台、人民网、四川日报、四川新闻等主流媒体对工程进行了多次报道，成功举办了"四川省建设工程质量安全观摩会暨大型机场项目管理论坛""成都市施工现场试验室管理观摩会"，获得"全国工人先锋号"荣誉。

附录

附录一　设计岗位人员任职资格表

设计岗位人员任职资格如表1所示。

设计岗位人员任职资格表

表1

岗位类别	任职资格	设置人数
设计经理	要求具有中级职称，有施工图设计经验，专业不限	由总承包牵头单位选派1名，可以由各设计岗位人员兼任
设计秘书	土木建筑、机电类专业毕业	不限
设计总负责人	要求具有一级注册建筑师和高级工程师及以上资格	1名，可以由建筑专业负责人兼任
设计技术负责人	要求具有一级注册结构工程师和高级工程师及以上资格	1名，可以由结构专业负责人兼任
专业负责人	一般要求具有高级工程师任职资格，实施注册制的专业要求具有注册资格	每专业各1名
设计人	本专业助理工程师资格或工作一年以上	每专业不少于3名
校核人	一般要求具有本专业工程师资格	每专业不少于1名
审核审定人	一般要求具有本专业高级工程师和注册资格（实施注册制度的专业）	每专业设置审核人、审定人各1名，且不得兼任
设计质量管理人员	工程师职称及以上	1名，由设计单位或总承包单位技术质量部门委派
设计副经理	工程师职称及以上	1名，由设计单位委派，可以由各设计岗位人员兼任
各专业驻场代表	本专业助理工程师资格或工作一年以上	由设计团队各专业选派，每专业至少1名

附录二　工程施工任务书

项目名称						
发往单位						
签发人		联系人		编号		
施工内容						
附图		图纸编号：				
注意事项						
完成时间		年　月　日至　　年　月　日				
抄送	部门					
抄报	领导					
	业主					
	监理					
收件人			收文时间	年　月　日		